别在吃苦的年纪贪图安逸

李安然◎编著

中国纺织出版社

内 容 提 要

没有人的青春不是夹杂着汗水和泪水的，既然我们的梦想在远方，我们就需要付出比别人多数倍的努力，然后一步步实现自己的目标。只要你足够努力，时间会给你带来回报。

本书针对现代年轻人贪图安逸的现状作出思考与论述，对年轻人容易丧失斗志信心和容易滋生懒惰沮丧情绪的常见问题，作出了详细的分析，并给予了现代年轻人最好的忠告：别在应该吃苦的年纪贪图安逸，努力拼搏吧！

图书在版编目（CIP）数据

别在吃苦的年纪贪图安逸／李安然编著. --北京：中国纺织出版社，2019.11（2023.10重印）
ISBN 978-7-5180-6060-3

Ⅰ.①别… Ⅱ.①李… Ⅲ.①成功心理—青年读物
Ⅳ.①B848.4-49

中国版本图书馆CIP数据核字（2019）第087735号

责任编辑：郝珊珊　　特约编辑：王佳新　　责任印制：储志伟

中国纺织出版社出版发行
地址：北京市朝阳区百子湾东里A407号楼　邮政编码：100124
销售电话：010—67004422　传真：010—87155801
http://www.c-textilep.com
中国纺织出版社天猫旗舰店
官方微博http://weibo.com/2119887771
新乡市龙泉印务有限公司印刷　各地新华书店经销
2019年11月第1版　2023年10月第3次印刷
开本：880×1230　1/32　印张：6.5
字数：172千字　定价：68.00元

前言

preface

现代人，尤其是现代年轻人，最普遍的问题是吃不了苦、不愿意吃苦，多数人都安于自己的生活，最后碌碌无为地过完一生。人们选择安逸的理由千奇百怪：时间来不及；为什么要去吃那个苦；吃苦了生活依然不变，又何必白白受苦……其实，这些都是在为自己选择安逸生活找借口找理由，这个世界哪有什么来不及，时间因你的奋斗而美好，所以更没有什么可后悔的，现在努力拼搏还来得及。有人在花甲之年还创业，最后一样成功了，所以还有什么可犹豫的呢？人生就是这样，只有耐得住寂寞才能享得了繁华，该吃苦的年纪，不要选择安逸的生活，只有迎风上路，才能披荆斩棘迎繁花。

当你抱怨工作很辛苦的时候，可曾注意过那些在建筑工地上挥洒汗水的工人？他们透支着体力仍拼命干活，相较之下，坐在冬暖夏凉的办公室里做方案真的很辛苦吗？当你抱怨学习枯燥的时候，又可曾看过那些在大山里奔跑的孩子？他们在想要学习的年纪却上不了学，相较之下，自己的无病呻吟岂不是白白浪费时间？工作辛苦吗？加班辛苦吗？读书辛苦吗？学习辛苦吗？其实，比起更多正在吃苦的人，这些都不算吃苦。如果你在吃苦的年纪贪图安逸，那在安逸的年纪就只能吃苦。

我们可以为快乐画一条底线，也可以为吃苦画一条底线。为人生画出一条很浅很浅的吃苦底线，那就不要妄想跨越深邃的幸福极限。当你重新定义吃苦这个词语时，便会发现，生活中很多事情都不是吃苦，只是你放大了生活的苦痛，便以为自己正在从事这个世界上最艰巨的任务。请不要在应该吃苦的年纪贪图安逸，没有人的青春是在红地毯上走过的，青春就应该拿来拼搏。既然你早已梦想成为那个别人无法企及的自我，那就应该选择一条属于自己的道路，为了实现梦想，付出别人无法企及的努力。

古人云："九层之台，起于累土；千里之行，始于足下。"或许你正值青年，风华正茂，家庭殷实，但请不要收敛了自己的斗志；如果你年纪渐长，却仍过着辛苦的日子，那就更不要磨灭了对自己的信心和向前奔跑的勇气。不管我们处于何种境况，都不要忘了向前奋斗的决心。向着目标奋勇前进，正需要我们每个人勇于突破自己所谓的安逸，正需要我们每个人勇于担当自我职责，正需要我们每个人勇于增强自己的能力、实现创新。如果你想要放弃，一定要想想那些睡得比你晚、起得比你早、跑得比你卖力、天赋比你高的人，他们早已在晨曦中跑向那个你永远只能眺望的远方了。

编著者

2019年3月

目录

contents

第01章

所有的奋斗努力，都有意义

成功有捷径吗？可能唯一的捷径就是努力了。如果那些曾经努力的人最终没有成功，他们就会说："努力是没有意义的。"真的是这样吗？当然不是。所有奋斗努力的过程，会让你比过往的自己更好；而奋斗努力的结果，会让你比许多的"别人"更好。

心中若有梦，脚下便有路

生活中，人们常开玩笑说："梦想很丰满，现实很骨感。"我们每个人来到这个世界上，都想在这个世界上留下点什么，我们都历经了艰辛、困难、挫折、失败，变得沮丧、变得没有自信，乃至放弃了原本的努力和追求，我们是如此地无奈。但是，成功的能有几个？大部分人都是平凡的，甚至是碌碌无为地度过漫长的一生。只是我们每个人都有着属于自己的梦想，却又不得不为了生活、为了生计而与当初的梦想背道而驰。这应该是大部分人的成长轨迹。

然而，无论如何，在追求梦想的过程中，我们无论何时都不能放弃希望。人生无常，当人生的不幸来临时，积极的心态是一个人战胜一切艰难困苦、走向成功的推进器。积极的心态，能够激发我们自身的所有聪明才智；而消极的心态，就像蛛网缠住昆虫的翅膀、脚足一样，会束缚人们才华的光辉。石油大王洛克菲勒曾说："命运给予我们的不是失望之酒，而是机会之杯。"这句话曾被他写进家信中，目的是要告诉他的子女们，无论命运把我们置于何地，我们都不要放弃自己的梦想。洛克菲勒自己就业之初就有一段辛酸史：

那时候，他刚从学校毕业，他立志要进入一家大公司，因为这样他能以大公司的方式思考问题。于是，他开始了自己辛苦的找工作的历程。他来到一家银行，但不幸的是，他被拒绝了；接下来，他又去了一家铁路公司，结果仍然失败了。那是一段难熬的日子，天气又很热，但他还是坚持找工作，他所有的生活内容就是找工作，一个星期内，他把所有被他列入名单的公司都找了个遍，但仍然一无所获。

在外人看来，这是一件非常糟糕的事，但洛克菲勒告诉自己：没人能阻止你前进的道路，阻碍你前进的最大的敌人就是你自己，你是唯一永久能做下去的人。如果你不想让别人偷走你的梦想，那你就在被挫折击倒后立即站起来。

洛克菲勒没有沮丧、气馁，尽管他遇到了接二连三的打击，但反而坚定了他继续努力的决心。接下来，他又从头来过，一家一家地跑，有些公司，他甚至跑了几次。皇天不负有心人，这场漫长的求职旅程终于在一个半月以后结束了。

1855年9月26日，他被休伊特 塔特尔公司雇用。这一天似乎决定了洛克菲勒未来的一切。

直到很多年后，洛克菲勒还是把9月26日当作“重生日”来庆祝，他对这一天抱有的情感远胜过他的生日。

曾经有人说，人在功能上就像是一部脚踏车，除非你一直向上、向前，朝着目标移动，否则你就会摇晃跌倒。从小到大，每个人都会有许多梦想。有人说：“年少时，梦想往往很远大；成年后，梦想常常会缩小。步入盛年，我们的梦想或许越来越少；但是，我们的梦想不再不切实际，而是可以通过努力去实现的。”但实际上，年少时的梦想本来同样可以实现，只是很多时候，在众多现实问题和困难前，我们把它搁浅了。的确，现实车轮沉重缓慢地碾碎了许多人的梦想。

事实上，成功和失败之间的区别在于心态：成功者着意放大积极的一面，失败者总是沉迷消极的一面。心态是个人的选择，有成功心态者处处都能发觉成功的力量。一个人有了积极的心态，成功就变得容易了。

上帝赐予我们聪慧的大脑和坚韧的肌肉，不是为了让我们成为失败者，而是希望我们成为伟大的赢家。伟大的人生就是不断征服和变得卓越的过程，我们必须要向这个目标前进，不怕痛苦，态度坚决，准备在漫长的道路上跌跤。总之，在追求梦想的过程中，无论我们遇到了什么，都一定要振作起来！学会用积极的眼光看待问题，这样你就能看到阳光、看到希望。

同时，哲人告诉我们，只要信念还在，希望就在。许多人一陷入困境，就悲观失望，并给自己施加很重的压力，其实，你应告诉自己，困境是另一种希望的开始，它往往预示着明天的好运气。因此，你只要放松自己，告诉自己希望无所不在，再大的困难也会变得渺小。可以说，这也是一种“和谐”的心态，如果你认为前方路途是好的，那么，你就能朝着这一好的方向行进，并最终看到曙光。

魏尔仑说：“希望犹如日光，两者皆以光明取胜。前者是荒芜之心的神圣美梦，后者使泥水浮现耀眼的金光。”希望给人以坚定的信念，心中没有希望就不会耐心地等待，而最美好的希望往往产生于最无望的逆境中。

人一生不可能常处顺境，有时候你会被淘汰出局，但只要你继续参加比赛，就有希望存在，总会获得让你满意的成绩。天才未必就能富有，最聪明的人也不一定幸福，想要摆脱人生的困境，你就要让希望的阳光照进心田，努力令自己摆脱困境。

当然，信念只是起到支持行动的作用，要走出困境，关键还在于我们自己。古语云：“自助者，天助之。”把别人的帮助当作希望，往往只是一种被动的奢求，外界的帮助使人更加脆弱，自助却使人得到恒久的鼓励。

努力，是年轻时最好的生活

年轻人，如果你不是富二代，挣钱又不多，那你拿什么来享受生活呢？趁着年轻，努力一把，而不是安于现状，这样你才有能力为高品质生活埋单。生活充斥着酸甜苦辣，只有经历了苦辣，才能体会到生活的甘甜。在最美好的年纪，你的选择不同，人生经历也会不同，有人选择安逸的生活，有人选择疯狂，而我选择在这美好的岁月里洒下汗水、种下希望，努力奋斗。

当然，努力并非说说而已，年轻人需要给自己制订目标，有一个良好的心态，努力学习、不断充电，对自己想做的事情有一种强烈的欲望。如果你无限渴望去做某件事情，那全世界都会给你正能量去实现你的理想。

安东尼·拉马纳出生于意大利西西里岛的一个小村庄里，家里有十个兄弟姐妹，他不到12岁就到采石场干活了。不过，安东尼不甘心自己的命运就是这样，于是他常常会利用一些休息的时间阅读有关西西里岛的历史和地理，并听老人们讲述岛屿的变迁。从书中，他看到了外面的世界与岛屿的差距，因此，他在16岁那年，沿着山谷顺流而下，一直来到海边，随后跟着一艘货船来到了美国。

在22岁那年，安东尼凭借着不懈的努力，获得了梦寐以求的证书——一张石匠工会卡，不久他便被选去在林肯的纪念碑上雕刻林肯在葛底斯堡的演讲词。在雕刻林肯的演讲词时，他深深地被林肯的人生经历所打动。他想：林肯这位生活艰辛，而最后靠着学习改变命运的人，早年生活几乎跟自己一样，而后来他却当上了律师，最后竟当上了总统，那么自己是不是也会有功成名就的一天呢？他突然之间作了一个决定——要成为一名律师。对此，朋友都笑话他："你是林肯第二吧？安东尼，你看雕像看呆了。"

安东尼过去只在西西里岛的一所乡村小学读到五年级，想在华盛顿大学国家法律中心学习，这简直是痴人说梦。何况他每天还要在脚手架上连续工作10小时。但是他并没有退缩，每天一下班就去夜校补习英文。他的帆布兜里时刻都有锤子、午饭和课本，他常常匆匆忙忙地吃过午饭便抓紧时间读书，甚至有时候一手拿着书，一手拿着两片玉米饼，中间夹着一块咸猪肉坐在木头上边吃边学习。

终于，功夫不负有心人，安东尼考入了法律学校。但是，因为第二次世界大战爆发，他只得离开美国去同法西斯作战。回国后，他在很短的时间里连续获得了一个法学学士和一个法学硕士的学位，后来，他一直在纽约和华盛顿担任律师，工作十分出色。

有人曾问安东尼："读书学习时，难道你不感觉到累吗？"他回答说："感受不到，因为每个人都必须自己去发现动力，并自己为动力确定具体的涵义。"不感觉到累，是因为相信自己一定能行。即便被朋友嘲笑，他也从来没动摇过努力的决心。正因为对自己有绝对的信心，安东尼才得以成功。

几十年前，在美国有一个十多岁的穷小子，他自小生长在贫民窟里，身体非常瘦弱，却立志长大后要做美国总统。如何实现这样的抱负呢？年纪轻轻的他，经过几天几夜的思索，拟定了这样一系列的连锁计划：

做美国总统首先要做美国州长——要竞选州长必须得到雄厚的财力支持——要获得财团的支持就一定得融入财团——要融入财团就需要娶一位豪门千金——要娶一位豪门千金必须成

为名人——成为名人的快速方法就是做电影明星——做电影明星前得练好身体，练出阳刚之气。

按照这样的思路，他开始步步为营。一天，当他看到著名的体操运动主席库尔后，他相信练健美是强身健体的好办法，因而有了练健美的兴趣。他开始刻苦而持之以恒地练习健美，他渴望成为世界上最结实的男人。三年后，凭着发达的肌肉和健壮的体格，他成为健美先生。

在以后的几年中，他成了欧洲乃至世界健美先生。22岁时，他进入了美国好莱坞。在好莱坞，他花了十年时间，利用自己在体育方面的成就，一心塑造坚强不屈、百折不挠的硬汉形象。终于，他在演艺界声名鹊起，当他的电影事业如日中天时，女友的家庭在他们相恋九年后，终于接纳了他这位“黑脸庄稼人”。他的女友就是赫赫有名的肯尼迪总统的侄女。

婚姻生活过了十几个春秋，他与太太生育了四个孩子，建立了一个“五好”家庭。2003年，年逾57岁的他，告老退出了影坛，转而从政，并成功地竞选成为美国加州州长。

他就是阿诺德·施瓦辛格。他的经历告诉我们，目标要远大，经营自己的过程却要稳扎稳打，在一个台阶上站好了，然后再瞄准下一步。

志存远大，这是一直被我们推崇的精神。但是在现实中，仅仅努力还远远不够。就如阿诺德·施瓦辛格一样，如何开动脑筋，尽快突破小目标、实现大目标，才是年轻人最应该重点费心思考的问题。总结阿诺德·施瓦辛格的成功经历，我们可以总结出这样一句话：从大处着眼，从小处着手，化整为零地循序渐进。许多年轻人都妄想自己能一步登天、一夕成名，一下子便成为一个亿万富翁。有目标、有憧憬是好事，但善于规划才是硬道理。

人生不息，奋斗不止，只要你还年轻，就大胆勇敢地向前冲，只要坚定信念，成功就会在眼前。年轻人，只要梦想还在，那就在美好的岁月里保持前进的脚步吧！

年轻，没有理由不努力，与其在暮年擦拭悔恨的泪水，不如趁年轻努力一把。年轻人要敢想敢做，勇于付出，相信没有什么是做不到的，也没有什么能够难倒年轻的自己。

努力的人生，注定与众不同

很多人的人生都被局限在方寸之间，为此，我们只能踩着脚下的土地，看着头顶的那小小的一片天空，不知道土地之外还有土地，天空之外还有天空。如此局促的人生，必然导致我们视野狭窄，根本无法打开人生的广阔天地。其实，正如《感恩的心》中所唱的，“天地虽宽，这条路却难走，我看遍这人间坎坷辛苦”。人生之路从来不是一帆风顺的，也没有谁的人生能够彻底摆脱苦恼。所以，在漫长而又短暂的人生中，我们必须想方设法让自己过得更好，也让我们身边的人充满希望。唯有如此，我们才能更加从容地应对人生，才能避免因为那些小小的困难而放弃人生的希望。

记住，努力不仅是一种行动，更应该成为我们面对人生的态度。努力的人，不管遭遇多少艰难坎坷，都会坚持不放弃。现代社会，人心变得越来越功利。很多女孩在寻找人生伴侣的时候，俨然不再以男孩是否为她们喜欢的类型或者男孩是否具有优秀的品质作为条件和判断的依据。相反，她们对于伴侣的标准简化到极致——是否有房有车有存款以及是否有好的工作。对于这样的爱情，处于被动地位的男孩总是觉得很无奈，虽然他们感慨如今的女孩太现实和功利，但是他们无法改变这一切。其实归根结底，女孩的改变一则是因为社会和时代的发展，二则是因为她们缺乏努力的态度面对生活。现代社会，想要不劳而获的人太多了，而女孩则试图借着人生的第二次投胎——结婚的机会，更加轻松惬意的方式改变生活。

玉巧和大伟认识五年了。如今，他们都已经老大不小了，玉巧二十八岁，大伟三十五岁。按理说，他们已经到了谈婚论嫁的年纪，但是玉巧的妈妈坚持让大伟给她一百万的彩礼。对于农村出身的大伟而言，一百万彩礼简直是天文数字，而且他这五年来挣的钱都交给玉巧了。为此，大伟一直寄希望于玉巧，希望玉巧能够说服他未来的丈母娘改变主意，不再借着嫁闺女的机会狠捞一笔。

前段时间，玉巧意外怀孕了，想到自己还没结婚却先大了肚子，她不由得埋怨大伟。不想，大伟也很委屈，说："我这几年挣的钱都给你了，这就是我的能力。你却不愿意和我结婚，难道你就不能不顾及你妈妈的想法？最终你妈妈也是会原谅你的。"对此，玉巧却说："我妈妈辛辛苦苦抚养我长大，而且，你没钱可以找你父母一起想办法，毕竟谁家娶儿媳妇不花钱呢！"大伟难免苦笑："那么，你未来是更孝顺我父母还是你自己的父母呢？""当然要先孝顺我爸妈，毕竟我是他们养大的。"玉巧毫不迟疑地说。大伟也说："这不就对了！现在已经和以前不一样了，嫁闺女也不是把闺女嫁到婆家。我们两个人是组建小家庭，独立于两个家庭之外，而且凭什么我父母就要砸锅卖铁呢，我也是他们辛苦养大的啊！"就这样，他们不止一次地为这个问题争吵，最终玉巧一时冲动，居然拿掉了孩子。这件事情对大伟打击很大，他意识到，玉巧宁愿牺牲无辜的孩子，也不愿意妥协、与他结婚，不由得觉得心灰意冷，最终向玉巧提出了分手。

不知道玉巧对于大伟提出的分手请求作何感想，归根结底，她与大伟已经相恋五年，按理说感情也很深了，但是，对于他们的爱情，玉巧一点儿都不想努力。为此，她愿意站在妈妈的角度上，向大伟家里要钱。否则，宁愿拿掉自己的亲生骨肉，也不愿意结婚。不得不说，大伟只要是个理智的男人，就会知道这段感情是无望的。

做人，一定要有担当，不管是男人还是女人，如果没有担当，尤其是面对生活中的诸多事情时不愿意努力，那么他就无法撑起人生的重担。所以，即便今日的爱情陷入如此尴尬的境地，我们不管是男孩还是女孩，都不要对此抱怨。我们首先要反观自身，看看自己是否足够坚韧不拔，是否真的不懈努力，然后才能最大限度发挥自己的潜力，完成人生的梦想，才能与自己所爱的人携手并肩站在一起，不管遭遇任何事情都决不放弃。朋友们，记住，生活的状态取决于我们面对人生的态度，从现在开始努力吧！

年纪并不能阻止你追梦

相信我们生活中的每一个人，在年少时都有自己的梦想，都有心之所向。的确，梦想可以燃起一个人的所有激情和全部潜能，载他抵达辉煌的彼岸，然而，随着时间的流逝，一些人终将自己的梦想搁浅。当人们问及为何放弃梦想时，他们的回答是“来不及了”“年纪大了”等，然而，这些都是借口，一个人只要心中有梦，年纪并不能阻止他追梦，最重要的是立即去做、去执行，毕竟，梦想只有通过努力才能实现。在古今中外的历史上，大器晚成的故事比比皆是。

有这样一个人，在他5岁的时候他的父亲就离开了他。他14

岁从学校逃学，然后开始了自己的流浪人生。他去过农场，当过电车售票员，但这些都让他无法开心起来。在他16岁那年，他参军了，这也不顺心。一年后，他来到了阿拉巴马州，他在那里开了个铁匠铺，不过没过多长时间就倒闭了。

然后，他在在南方铁路公司谋得机车司炉工这一工作，他开始觉得很有意思了，认为自己找到了最终的工作岗位。

18岁时，他就结了婚，几个月之后，他的太太怀孕了，但此时，他被通知自己被南方铁路公司解雇了。

接下来，他必须要找到新工作，但在这期间，他的太太居然变卖了他所有的家产，然后回了娘家。这再一次证明他失败了。

随后大萧条开始了，他虽然失败了很多次，但是依然努力。后来，他又通过函授学习了法律，不过最终因生计问题而放弃。然后他又卖过保险和轮胎，也经营过一条渡船，还开过一家加油站。但可惜的是这些都以失败而告终。

周围的人开始劝他："放弃吧，不会成的。"他也想到了要放弃人生，所以，一次，他躲在草丛中，想要去绑架经常来附近玩耍的小女孩，但是奇怪的是，这一天小女孩没有出来，所以他还是失败了。

再后来，他到一家餐馆当主厨，但不久之后，一家新公路要从这家餐馆穿过，他再次失败了。

转眼，他到了退休的年纪，到此刻，他还是一事无成。日子就这样一天一天过去。这一天，邮递员给他送来一份社会保险支票，到那时，他才意识到自己开始老了。但也就在那一刻，他身上所有的潜能爆炸开了。

有人同情他的遭遇，然后对他说：“本来你该击球的时候，你都没击中，就别再逞强了，老了，就休息吧。”他却不以为然。

于是，就凭借那张证明他老了的退休金支票——105美元，他开始了自己的事业——肯德基。

之后，他的事业欣欣向荣。而他，也终于在88岁高龄时大获成功。这个人就是哈伦德·桑德斯——肯得基的创始人。

从哈伦德·桑德斯的经历中，我们可以看到，一个人只要敢于追逐自己的梦想，无论何时都不晚。

事实上，一个人的成才与事业成功和年龄并无直接的关系，而是在于内心有一颗永不熄灭的、火热的心，始终对梦想有着强烈的冲动，只要你一直走心中向往的那条路，即便你已经年逾古稀，你依然能驾驭自己的人生，实现自己的人生价值。

在现代社会，没有超人的胆识，就没有超凡的成就。不敢冒险就是最大的冒险，勇于尝试才有做第一个成功者的机会。胆量是使人从优秀到卓越的最关键的一步。你需要勇气，需要胆量，你不是弱者，机会只留给敢于迎接的人！

所以，我们要记住，一定要追随自己的内心，要敢于追逐自己的梦想，要永葆激情、不断摸索、不怕失败，最终你会找到自己的一条路，并会做出成就。

生活中的人们，为梦想努力吧，假如你是一名学生，为分数而努力学习，你就会得到优异的成绩，但如果为充实自己、为求知而读书，那么，除了得到分数外，你会获得知识和成长；为了挣钱而做生意，你的努力会帮你实现财富梦；为了事业而做生意，除了财富外，你获得的还有为之打拼的快乐；为每月定时发放的薪水而工作，你可能得到较少的薪水；如果你为提高公司业绩而工作，你不仅会得到较多的薪水，也会得到满足和同事的敬重，你对公司的贡献将会多得多，你的报酬也会多得多。

总之，梦想具有无穷的力量。梦想也会给我们带来快乐，只要你追随自己的天赋和内心，你就会发现，你的生命被赋予了更高的意义，你也不再是消磨光阴，而是在让时间闪闪发光，奋斗也成为快乐的事。

努力振动，才能展翅高飞

一只鸟的翅膀再大，如果不努力振动，又怎能展翅高飞呢？一个人的才能再高，如果不努力拼搏，又怎能走向成功呢？一个国家的物产再丰富，如果不努力发展，又怎能屹立于世界民族之林呢？这一切都说明：再伟大的目标也要建立在行动的基础上。其实，对于梦想的实现也是如此。每个人的内心深处都埋藏着黄金，但唯有行动，才能让我们释放潜能、让我们发光发热。

生活中，人们都想成功，却很少有人愿意为成功付出努力。那些成功者之所以会成功，是因为他们即使害怕也会行动，而大多数人正是因害怕而没有作为。美国出类拔萃的商业家约翰·沃纳梅克——这样说过：“没有什么东西你是想得到就能得到的。”成功的人与那些蹉跎人生的人的最大区别，就是——行动！如果你能看到那些成功人士背后的奋斗之路，你就会感叹：“难怪他会做得这么好！”怎么样的行动能获得最大的成功呢？是马上行动！只要你敢于迈出别人不敢迈的那一步，你就能比别人快“半拍”，就能成为第一个吃螃蟹的人。

因此，我们要想成功，就应该做到敢为人先，就要认识到行动的重要性。现代乃至未来社会，执行力就是竞争力。成败的关键在于执行。

人生目标确定容易实现难，而如果不去行动，那么连实现的可能也不会有。没有行动的人只是在做白日梦，所以心动不如行动，勇于迈出行动的第一步，你成功的机会就会增加，而光想不做，那你将永远没有实现目标的可能。

索尼（SONY）是日本的一家全球知名的大型综合性跨国企业集团，是世界视听、电子游戏、通讯产品和信息技术等领域的先导者，是世界最早便携式数码产品的开创者，是世界最大的电子产品制造商之一、世界电子游戏业三大巨头之一、美国好莱坞六大电影公司之一。

从20个世纪50年代开始，索尼公司就不断推出一些市场上不曾有过的产品，如电晶体收音机、电晶体个人专用电视机等，索尼在市场上一直发挥先锋带头作用，他们研发出来的每一种产品，都会成为其他企业模仿的对象，所以，要想保持他们在行业内的优势，就必须不断创新。

一次，总裁盛田昭夫来到公司，看到一个员工手上拿着一个手提式录音机，好像不大高兴的样子，盛田昭夫问他有什么心事，他说："喜欢听音乐，可提着听太不方便了。"一个创意很快来到盛田昭夫的脑子里——研制一种方便携带的录音机。在一次产品策划会议上，这个创意并无几人支持，但盛田昭夫坚持尝试。不久，第一架带着小型耳机的实验品送来了，灵巧的尺度与高品质的音效使他很开心。1979年，索尼推出第一台随身听。

很快，市场验证了盛田昭夫的决定是明智的，这类小型收音机简直是供不应求，同时，他们借助广告来刺激销售，而且试制了不同机型，如防水、防尘机型，还有更多改良的机器型号。当然，其效果是明显的，如著名指挥家卡拉扬、音乐名家史坦恩都找盛田昭夫订购。也许正因为如此，索尼公司才跻身于全世界最大耳机制造商之林，且在日本占有将近50%的市场。

拥有这样一个全新的市场，还担心别人的竞争吗？在他人已经涉足甚至做得如火如荼的行业里努力，远不如独自开辟一个市场更容易成功。比尔·盖茨曾经说过："微软处处领先，我能成为世界首富，靠的就是不断地更新。我们要做第一个吃螃蟹的人，就要保证我们自己而不是别的什么人采推动产品更新换代。对于一个企业来说如此，对个人来说也是如此。”

不难发现，我们生活的周围，很多人都对未来作出了各种各样的构想，但真正执行的人，则少之又少。每每考虑到会有失败的可能，他们就退缩了。因为他们怕被扣上愚昧的帽子，遭到别人取笑；他们不敢爱，因为害怕不被爱的风险；他们不敢尝试，因为要冒着失败的风险；他们不敢希望什么，因为他们怕失望……这种可能会遇到的风险，让他们畏首畏尾、举步维艰，他们茫然四顾，不知道自己的出路在何方，殊不知，如果你连第一步都不敢迈的话，你永远不可能看到追求人生目标之路上的风景。

人间的事情没有一件是绝对完美的，如果要等所有条件都具备以后才去做，只能永远等待下去了。如果一个人一直在想而不去做的话，根本成不了任何事。

总之，你需要记住，不积跬步，无以至千里；不积小流，无以成江海。凡事要想做大，都得从小处做起，从眼前最基本的事做起。如果一个人心里有远大的理想，却不愿意一步一步去努力，那他永远也不会有美梦成真的那一天。

第02章

改变不了糟糕的昨天，却能改变今天和明天

昨天是回不去的昨天，或许昨天的自己不够努力，做事情不够尽力，那么，就从今天开始努力吧！拼了命地向前跑，不管风雨和雷电，只要心中有梦，那就努力奔跑，虽然改变不了糟糕的昨天，却能改变今天和明天。

集中精力做好一件事

哲人说，生活中的坎坷多是由自己、由心境造就的。你之所以迷茫甚至跌倒，多是因为你没有看清自己。清楚地认识自己的实力，选择一条适合自己走的路，每天积累一点点，成功就会更快降临。但你要知道，成功的标准不是做了多少工作，而是做出了怎样的成果。确立了目标并坚定地“咬住”目标的人，才是最有力量的人。

目标始终如一的人，能抛除一切杂念，聚积所有的力量，全力以赴向目标前进。把你需要做的事想象成一大排抽屉中的一个个小抽屉。你的工作只是每天拉开一个抽屉，令人满意地完成抽屉内的工作，然后将抽屉推回去。不要总想着所有的抽屉，而要将精力集中于你已经打开的那个抽屉。一旦你把一个抽屉推回去了，就不要再去想它。

一位曾经到阿拉斯加拜访过爱斯基摩人的作家，回来之后向人们讲述了他在那里的一些见闻：

“永远不要问爱斯基摩人他多大了。如果你问的话，他们也会对你说：‘我不知道，我也不在乎。’再追问下去，他们就会说：‘不到一天大！’爱斯基摩人相信，到了晚上入睡的时候，他们就死了。但在第二天的清晨醒来时，他们又重新复活过来，获得新生。因此，没有一个爱斯基摩人能活过‘一天’！也因正为如此，每一个爱斯基摩人的面容都不带忧愁和焦虑，他们快快乐乐地过着自己的每一个‘一天’。”

“不到一天大！”这并不是爱斯基摩人的一句玩笑话，仔细地回味这种“不到一天大”的生命心态与理念，你的心中一定会增添一份崇敬，甚至感受到一种莫大的震撼。

年轻人，给自己一个清晰而合理的目标——在较短的时间内、正常的努力幅度下，它是能高高地踮脚就能够到的——这样的目标才会对你的人生起到推进的作用。而那些看似远大、只能当作谈资而最终束之高阁的理想，对于它的过分追求，最终只会成为一种妄想。

只有每次只面对一天，并且把每一天都当作一辈子来过，我们才会万分珍惜这宝贵的一天的每一分、每一秒时光。把每一天都当作一辈子来过，那么，谁还会有时间去挥霍、去做些无用功呢?

泰德·本杰明曾经在欧洲服役，后来居住在美国马里兰州的巴铁摩尔城纽霍姆路5716号。在战场的那段时间，忧虑曾经一度令他精神崩溃。

当时，泰德在94步兵师担任士官职务，主要是搜集和记录作战死亡、失踪以及受伤的士兵名单；同时需要帮助挖掘被慌忙之中埋葬的盟国及敌国士兵的尸体，将这些人的遗物转交给他们的家属或最亲密的朋友，毕竟这些遗物对他们亲友具有很大的纪念意义。

泰德的工作很烦琐，他总是担心自己出错，造成难堪，所以他每天都在担心。有时候，他甚至会胡思乱想：在这战乱时期，自己是否可以安全度过这段时间，自己是否可以活着回去，那个16个月大的儿子，自己从来没见过，是否可以回去拥抱他呢？泰德又担忧又疲惫，竟然瘦了整整34磅。心中充满着对未知的恐惧，以至于泰德精神恍惚，差点疯掉。无聊时，他总会呆呆地看着自己皮包骨的双手，想象着自己回家时非常瘦弱的样子，乃至一瞬间陷入一种恐慌之中。泰德的精神彻底崩溃了，他像一个无助的孩子一样哭泣。他感觉自己非常脆弱，一旦只有他一个人待着，他就会感到伤心得无以复加。在坦克大战开始后不久的一段时间里，泰德经常哭泣，他对生活完全失去了信心。

1945年4月，每天处于焦虑的泰德最终被医生诊断为患了“结肠痉挛”的疾病。这种病会给人带来很大的痛苦，而病因就是过分忧虑。泰德心想，假如当时战争没有马上结束，他大概会完全崩溃。

之后，泰德住进陆军诊疗站，一位军医给了他改变一生的忠告。当医生给泰德做完全面体检之后，告诉他说：“泰德，你的毛病是在心里，我希望你可以将生活当作一个沙漏，你知道任何人都无法让超过一粒的沙子同时通过瓶颈。在生活中，我们每个人都好像是一个漏斗，每天都有许多事情需要我们尽快去完成，但是我们只能一件一件地完成，假如我们让工作如同沙粒一般均匀地缓缓通过瓶颈，那整个沙漏是可以正常工作的，我们的生理和心理也是非常健康的。”

每天做好一件事，每天都做好手边的事，有几个人能够做到？在现实生活中，有些人原本并不好高骛远，然而，在生活的重压下，眼前的一点点收获和利益渐渐不足以满足他们那颗强烈追求的心，于是，他们的眼光变得很长远，长远到遥不可及，而他们却又对此异常渴望。不知不觉，高不成低不就成了他们的习惯，在对生活的憧憬中，偶然有一天他们低头时才发现，原来自己的每一天都荒废了，都在原地的小小的圈子里踏步，远走的只有心，而不是自己的脚步。

人生的时间、精力极其有限，想让有限的时间、精力造就人生最大的成功，就必须要拣对成功价值最大的事情去做。也就是说，我们每天都要有清晰的目标可以追求，每天做好一件事，这一个月，这一年，你将会有巨大的成长和收获。

用心把一天中最重要的那件事做好，执着地追求，你就会发现，你所有的行动都会带领你朝着这个目标迈进。在激烈的竞争中，如果你能做好一天中最重要、最清楚的事情，成功的机会将大大增加。

你的人生需要自己来书写

每个人都应该有一条自己的路，人云亦云的人不会得到人们欣赏，只有特立独行才能吸引人们的注意。许多人不敢特立独行就是因为他们没有敢为天下先的勇气。抛开自己的成见，删除自己的怯弱，自己的人生还得自己来书写，不要成为和别人一样的人。为什么不将自己的特色展现出来，为什么不让自己的优点长处凸现出来？

在2005年圣诞节的前夕，一位名叫汤玫捷的学生收到了哈佛大学的本科录取通知书，以及每年4.5万美元的全额奖学金。据了解，这种提前录取的情况，中国只有一个，亚洲也只有两个。它意味着，哈佛这所全球顶尖名校，视她为最符合哈佛精神、最需要提前抢到手的优异学生。

在很多人看来，能进哈佛的人，一定是学习成绩最优秀、考分最高的学生。但汤玫捷所在学校的老师对她给予了这样的评价：她不是我们学校成绩最好的学生。她从来没有在各类数理化竞赛中摘金夺银，甚至连奥数课都没有上过。

这不禁让许多学生费解，哈佛凭借什么标准招收学生呢？

拿起哈佛的入学申请表，你会发现，除了我们熟悉的考试成绩之外，还包括学术背景、社会经历、兴趣爱好、老师推荐信等，外加两篇小论文。汤玫捷担任过学校的学生会主席，辩论队成员，还作为交换学生，到美国著名私校西德威尔中学学习过一年。甚至在那里，她也被好表现的美国学生称赞为“学生领袖型的人才”。

一位教授说：“哈佛不需要只会考试的应试机器，我们想要的学生，要有鲜明的个性；有学术精神；有领导能力。哈佛所培养的是国家未来的精英，是在政治、法律、金融、管理和学术各个领域的顶尖精英。哈佛重视的是一个年轻人的综合素质，从知识的适应能力到创造精神，从博雅文化到领袖气质。”

许多年前，一位颇有分量的女性到美国罗纳州的一个学院给学生发表讲话。这个学院规模并不是很大，这位女性的到来，使得本来不大的礼堂挤满了兴高采烈的学生，学生们都为有机会聆听这位大人物的演讲而兴奋不已。

经过州长的简单介绍，演讲者走到麦克风前，眼光对着下面的学生们，向左右扫视了一遍，然后开口说：“我的生母是聋子，我不知道自己的父亲是谁，也不知道她是否还活在人间，我这辈子所拿到的第一份工作是到棉花田里做事。”

台下的学生们都呆住了，那位看上去很慈善的女人继续说：“如果情况不尽如人意，我们总可以想办法加以改变。一个人若想改变眼前不幸或无法尽如人意的情况，只需要回答这样一个简单的问题。”接着，她以坚定的语气说：“那就是我希望情况变成什么样，然后全身心投入，朝理想目标前进即可。”说完，她的脸上绽放出美丽的笑容：“我的名字叫阿济·泰勒摩尔顿，今天我以唯一一位美国女财政部长的身份站在这里。”顿时，整个礼堂爆发出热烈的掌声。

阿济·泰勒摩尔顿是一位女性，一位生母是聋子、不知道亲身父亲是谁的女性，一位没有任何依靠、饱受生活磨难的女性，而恰恰是这位表面柔弱的女性，竟成为了美国的女财政部长。说到自己的成功，她却只是轻描淡写地说：“我希望情况变成什么样，然后就全身心投入，朝理想目标前进即可。”

有雄心是一件好事，这说明有抱负、有宏伟的志向。有雄心的人会有坚强的意志去实现自己的目标，雄心会在潜意识中激发人的斗志。只要有雄心，目标就不再遥不可及。任何困难在有雄心的我们眼中都不是困难，而是成功路上的垫脚石，有了这些垫脚石，就能更快更容易地取得成功。

有人说：“积极创造人生，消极消耗人生。”或许，只有好心态的人才能驾驭自己的人生，才能收获幸福与快乐。“心态决定命运”，自然，良好的心态必将带来好的命运、好的一生。

把握生命中的每一个今天

现实生活中，无数人对过去耿耿于怀，对未来提心吊胆，也因此荒废了现在。殊不知，古今中外，无数明智的人都提出人应该活在当下。当然，我们要以历史为镜反省自身，也要懂憬未来看到希望，然而最重要的还是把握好今天。因为，我们真正拥有的，只有今天。

除此之外，我们还应该让今天变得独立，既不要因为昨天，也不要因为明天，错过今天的一切。每个人的人生都是由无数个今天组成的，今天变成昨天，成为我们无法更改的历史；明天也渐渐到来，成为我们唯一可以掌握和控制的今天。在这种情况下，聪明的人一定会好好把握生命中的每一个今天，充实自己的人生。

作为现代医学之父，威廉·奥斯勒正是因为在1871年看到的那句话，才成为现代医学的鼻祖，才能创建举世闻名的约翰霍普金医学院。他的一生都奉献给了医学事业，他获得了无数项无人能比的荣耀。在他去世之后，足足要1466页的厚厚的两大本卷宗，才能陈述他的生平和事迹。没有人知道，当他在1871年捧起书本读到影响他一生的那句话——关键在于不要盯着模糊的远方看，而要先把手边清楚的事情做好——在此之前，他是非常迷惘无知的，也觉得前路一片茫然。

在看到这句话之后，威廉·奥斯勒觉得心中豁然开朗，后来他之所以能够度过毫无忧虑的一生，也正是因为始终有这句话的指引。42年后，威廉·奥斯勒在遍地都是郁金香的耶鲁大学对学生们发表了演讲。在演讲上，他奉劝学生们要向船上的隔舱一样，把今天从昨天和明天之中彻底隔离出来。他说：“你们只有把今天完全隔离出来，才会真正意识到你们只有今天，你们的未来也完全在于今天。人们，只能救赎当下的自己，一个为未来担忧的人，只会白白地浪费时间和精力。”在演讲即将结束时，他再次呼吁同学们要活在“完全独立的今天”。

的确，无论明天是美好还是悲惨，明天都终究会变成今天。我们与其提前为了明天担忧，导致错失今天，不如在明天真正到来的时候，等到明天真的变成今天，我们再活好今天。在无数个昨天和明天之中，今天起到承上启下的作用，昨天在之前也是今天，明天在未来也是今天，可以说，整个人生就是由今天组成的。当然，需要注意的是，威廉·奥斯勒并非让我们放弃对明天的规划。在一生之中，规划还是很有必要的，但是我们规划明天的方式，依然是充实高效地度过今天。唯有把握住今天，我们才能把握住明天，才能真正把控人生。

需要注意的是，无论你以怎样的状态迎接明天，明天都会到来。我们每个人都应该避免为明天忧虑，而应更加集中时间和精力过好今天。你的焦虑无法改变你在明天的命运，唯有过好今天，你才有可能从容应对即将到来的明天。曾经有科学家经过研究发现，有一种生活在撒哈拉沙漠中的沙鼠。很喜欢吃草根，因而每当旱季即将来临前它都会囤积很多草根，以备不时之需。即便它们囤积的草根已经足够它们度过干旱的季节，它们也还是一刻不停地寻找和搬运。否则，它们就无法获得安宁。后来，有很多研究医学的想用沙鼠代替小白鼠进行医学实验，然而，沙鼠在离开沙漠之后很快就死亡了。起初，医学家以为它们不适应笼子里的生活，后来才发现它们是因为笼子里没有草根囤积，以致焦虑而死。不得不说，沙鼠死于心理威胁。它们实在太焦虑了，只要一刻钟没有草根囤积，就会感到难以忍受。其实，现代人和沙鼠又有何区别呢？尤其是那些焦虑不安的人，他们的威胁并非来自于今天，而是来自于遥远的未来。朋友们，为了延长自己的寿命，不至于像沙鼠一样焦虑而死，我们一定要放宽心胸啊！尽管今日有酒今朝醉的生活态度也很消极，但总比因为尚未发生的一切焦虑而死好得多。当然，最好是安排好生活的节奏，适度焦虑，这样才能让自己的人生风生水起。

今天的努力，决定了你明天的生活

网络有一道测试题，大概的意思是问人们：你可曾设想过自己十年后的人生是怎样的。看到这个提问，相信大多数人都会感到脑中突然一片空白，也不知道该怎样回答，这是因为他们虽然已经忙忙碌碌地度过了二十多年、三十多年甚至四五十年的人生，但是他们从未想过自己十年之后的人生将会如何。对于这样没有预见性和前瞻性的人生，相信很多心理学家都会感到遗憾，毋庸置疑，这些人是没有梦想的，甚至连自己十年之后的生活都未曾设想过，所以他们当然也不可能瞭望一生。

很多人等到人生迟暮、白发苍苍，才突然想起来自己应该规划人生，并因此而懊丧自己从未真正设想过人生。然而，人生是一场没有归途的旅程，任何人要想在人生之中无怨无悔，就要尽量提前规划人生。也许有朋友说，就算是提前规划，人生的梦想也未必能够如愿以偿地实现。的确，就算是提前规划，人生也难免虚度，但是，有了方向的指引，人生至少不会变得那么难熬，也不会让人感到绝望和无望。所以，趁着年轻，朋友们，马上就去计划人生吧！记得曾经有人说，没有计划的人生注定被计划掉，相信每个人都不希望自己被淘汰吧！虽然人生何时开始都不算晚，但是人生还是应该宁早毋晚。众所周知，人生最大的资本就是年轻，只有早作规划，我们才能在发现错误和不当的时候趁着年轻改变命运、尽量弥补。所以人生还是要趁早，尤其是奔向梦想，更要争分夺秒，片刻都不耽误。

面对关于人生的疑问，大多数人都表现出迷惘，也不知道自己的人生将会如何。实际上，尽管人生是无常的，也是不能完全掌控的，但是只要我们怀着积极的态度面对人生，绝不轻易放弃人生中努力的机会，那么我们还是能够尽最大可能主宰和掌控人生，也能够让人生朝着我们期望的方向发展。毕竟，有目标比没有目标更好，努力比不努力更好，坚定不移实现梦想比随波逐流、茫然无措更好。

每个人都有独属于自己的梦想，也许各人的梦想完全不同，但是每个人在梦想道路上前行的姿态则有很大的相似。没有人能够轻轻松松走完梦想之路，也没有人能够毫不费力就实现对人生的预期。一个人不管是否有天赋，都要最大限度激发自身的潜能，也要战胜一切困难，勇往直前地朝着人生目的地前行，才能不负此生，才能了无遗憾。

很多曾经在梦想道路上遭遇过困境的朋友都知道，最可怕的不是辛苦和艰难，也不是付出和努力，而是在拼尽全力之后却始终看不到前进的方向，也不知道人生到底能去往何处、到达何地。这样迷惘的无力感，让人生因此而变得黯然失色，就算是再坚强的人，也会在这种无力感面前失去奋斗的勇气和坚持的毅力。所以，每个人的当务之急都是跳出梦想的怪圈，摆脱梦想的大坑，让自己能够稳步向前。所以，朋友们，只要有闲暇，或者哪怕很忙碌，也要挤出闲暇时间，去设想一下十年后的生活吧。正所谓磨刀不误砍柴工，也许在设想和憧憬未来之后，你会发现自己曾经的郁郁寡欢全都消失了，取而代之的是一个充满生机和活力的你，是一个勇往直前、意气风发的你。

还需要注意的是，在实现梦想的过程中，千万不要因为疲惫而轻易放弃，更不要停下来休息。因为，有的时候你误以为是休息，而实际上却是彻底停顿。人生既不可能重来，也经不起一次又一次的停顿和永无休止的折腾，既然这个世界上绝没有后悔药，那么我们要做的就是趁着年轻背起沉重的梦想包袱，不遗余力、勇往直前！

记住，只有你自己，才能决定你十年后过怎样的生活！

把握人生的分分秒秒，拥有生命主动权

记得曾经有首歌里唱道，我想去桂林呀我想去桂林，可是有时间的时候我却没有钱；我想去桂林呀我想去桂林，可是有了钱的时候我却没时间。听起来，这简直是个难以调和的矛盾，让人想起来就发愁。的确，如何才能协调好钱和时间呢！虽然年轻的你有大把的时间，但是，世界这么大，你总不可能凭借双腿就走遍千山万水。当你好不容易花费了青春年华，为自己挣得了一些金钱后，却又遗憾地发现自己没有时间了，或者已经行动不便得哪里也去不了了。这样的情况一旦发生就是莫大的悲哀。那么，当你有大把的时间却没有钱的时候，该怎么办呢?

毋庸置疑，除非我们一出生就是富二代，否则我们在青年时期总是面临着经济上的窘境。要想日子好过一点、经济宽裕一些，我们就必须花费宝贵的青春年华，为了挣钱而不懈努

力。难怪如今有很多年轻人都把追求财务自由作为自己的人生目标。财务自由就是不为钱所烦恼，总是能够想做什么就做什么，再也不用斤斤计较地算计。不过，在这个物欲横流的时代，几乎每个人的欲望都在不断膨胀，财务自由并非那么容易实现。再加上人生短暂，我们更应该协调好时间和金钱的关系，尽量成为人生赢家。

如今有很多年轻人，都以年轻自诩，因而从未感觉到生命的紧迫。他们大喊"年轻就是资本"，肆意挥霍宝贵的青春时光。这样的年轻人，实在令人感到悲哀。不要让自己穷得只剩下时间，哪怕你真的很年轻，有大把的时间可以浪费，且有无数的机会可以尝试，你也应该努力规划自己的人生，把宝贵的光阴用在最需要的地方，从而最大效率地提升自己。

富兰克林早在12岁的时候，就与哥哥詹姆士签订了学徒合同。根据合同规定，小小年纪的富兰克林要在哥哥詹姆士开办的印刷厂里当学徒到21岁。在此期间，除了到了最后一年他能得到低廉的工资之外，其余的几年里他只能得到吃住和工作服。虽然富兰克林很穷，但是他的心灵很富有，生活得也很充实。因为工作忙碌，富兰克林的时间非常紧张。为了学习，他不得不在早晨上班之前或者晚上下班之后挤出宝贵的时间。有的时候，为了得到更多的时间学习，他甚至故意错过做礼拜，以享受学习的乐趣。

时间一晃过去了四年，富兰克林已经16岁了。一个偶然的机会，他读到一本关于素食的书，因而准备身体力行，以吃素为主。为此，他特意向哥哥提出请求，只要给他一半的伙食费，他就自己负责吃饭的事情。哥哥同意了。从此以后，富兰克林的每一餐都是极其简单的，或者是一片面包，或者是一片饼干，奢侈的时候也顶多是吃一块馅饼。如此一来，他成功地从一半的伙食费中又节省出很多钱，并且把这些钱全都用于买书。每当到了就餐时间，富兰克林就在空荡荡的印刷所里几口吃完食物，然后开始专心致志地看书。在这样的努力下，他的知识越来越渊博，读过的书简直数不胜数。就是在这样的生活中，小小的富兰克林不仅开始挣钱养活自己，而且想尽办法满足自己的求知欲，不管是时间上还是生活上，都无比充实。

在这个事例中，富兰克林从十二岁就开始当学徒，生活原本应该是过得非常拮据的，而且工作之余必然很空虚。但是，已经陷入贫穷的富兰克林非常注重学习，而且想尽一切办法努力充实自己，甚至从原本就不多的伙食费中省下一半用以买书。不得不说，富兰克林虽然很穷，但是，他是时间的主人，他占有和支配时间，而从不被时间支配和奴役。假如我们也能如同富兰克林一样坦然面对贫穷的生活，并且不管在什么情况下都能合理利用时间、努力充实自己，那么我们的人生一定会有更多的成就，也能变得更加高效。

如果有一天，你觉得时间多得用都用不完，那么你就要反思自己了。一个人穷得只剩下时间，并非意味着他真的贫穷，而是说明他已经失去了对生命的把控。就在笔者写这篇文章的时候，时间已经悄悄溜走了。从现在开始，就让我们抓住点点滴滴的时间努力学习、充实自己吧！人生之中，暂时的贫穷并不可怕，最可怕的是我们失去对未来的憧憬，变成任由时间摆布的奴隶。任何情况下，只要你善于安排时间，只要你把握人生中的分分秒秒，你就拥有了人生的主动权。

第 03 章

越是平淡的日子，越要沉下心修炼

平淡的日子如同平静的湖面，激不起半点涟漪，这样的日子久了，人的心便松懈了，人们开始痴迷享乐，不再努力奋斗。有的人甚至迷失了心智，把曾经的梦想抛却脑后。其实，越是在这样平淡的日子里，越是要沉下心修炼。

不能正确做事，往往白费力气

人活于世，仅仅知道要做什么是不够的，因为人的命运取决于做事的结果，而结果取决于做事的方法。做事持之以恒，有毅力，肯努力，这固然是值得称赞的。然而，方法比努力更重要。抓不住事情的关键所在，只知道埋头干事的人，最后只能白费气力。对于现实中的人来说，在学习和工作中，努力是好事情，但是光努力是不够的，还要多动脑、多思考，这样才能真正做出成绩。我们要善于观察、学习和总结，仅仅靠一味地苦干，只埋头拉车而不抬头看路，结果常常是原地踏步，明天将仍旧重复昨天和今天的故事。

一家建筑公司在为一栋新楼安装电线。在一个地方，他们要把电线穿过一条20米长、但直径只有3厘米的管道，而管道砌在砖石里，并且拐了五个弯。对此，他们感到束手无策。

后来，一位爱动脑筋的装修工想出了一个非常新颖的主意：他到市场上买来两只白鼠，一公一母。然后，他把一根电线绑在公鼠身上，并把它放在管子的一端。另一名工作人员则把那只母鼠放到管子的另一端，并轻轻地捏它，让它发出吱吱的叫声。公鼠听到母鼠的叫声，便沿着管子跑去找它。公鼠沿着管子跑，身后的那根电线也被拖着跑。因此，人们很容易地把两根电线连在了一起。就这样，穿电线的难题顺利得到解决。这位爱动脑筋的装修工也因此得到了同事们的喜爱和老板的嘉奖。

每一个人都要努力做到用脑去想，用心去做。学会思考，学会发现问题并解决问题，学会认认真真地做好每一件事。聪明地做事，好机会就会来到你的身边。大部分人都专注于他们的欲望，心不在焉地工作，以至于不肯花时间来思考提高效率的方法。缺乏思考能力和做事方法的人，他们往往事倍功半，费力不讨好。

许多年前，有个人正要将一块木板钉在树上当搁板，贾金斯便走过去管闲事，说要帮他一把。他说："你应该先把木板头子锯掉再钉上去。"于是，他找来锯子之后，还没有锯到两、三下又撒手了，说要把锯子磨快些。

于是他又去找锉刀，接着又发现必须先在锉刀上安一个顺手的手柄。于是，他又去灌木丛中寻找小树，可砍树又得先磨快斧头。

磨快斧头须将磨石固定好，这又免不了要制作支撑磨石的木条。制作木条少不了木匠用的长凳，可这没有一套齐全的工具是不行的。于是，贾金斯到村里去找他所需要的工具，然而这一走，就再也不见回来了。

无数人的实践经验证明了这一点：单纯地努力工作并不

能如预期的那样给自己带来成功，一味地勤劳并不能为自己带来想象中的生活。懂得思考，掌握方法，才是做事最关键的一点。身处于竞争激烈的社会中，同样一项工作任务，有的人可以十分轻松地完成，而有的人还没有开始就时不时出现这样或那样的问题。出现这种差异的原因，就在于前者用大脑在工作，想方法去解决问题。只有在工作中主动想办法解决困难、问题的人，才能成为公司中最受欢迎的人。

在生活中，我们不可能总是一帆风顺的，当遇到难题的时候，绝对不应该一味下蛮力去干，而要多动些脑筋，看看自己努力的方向、做事的方法是不是正确。

从前有一个人，家境非常贫穷，生活困苦，他给国王当了多年的役工，累得瘦弱不堪，国王见了觉得他很可怜，就赏给他一峰死骆驼。这人得到这峰死骆驼，无比激动，想尽快品尝肉的滋味。于是他就动手给它剥皮，可是嫌刀子太钝，到处找磨刀石磨刀，后来在楼上找到一块，于是磨快了刀子，又下楼来剥骆驼皮。

这样反复下楼上楼来回磨刀，他感到实在太疲劳了，不想一次又一次地反复楼上楼下跑，于是他就想把骆驼吊上楼去，凑近石头磨刀。可不管他怎么努力，由于楼梯太窄，就是不能把骆驼搬运上去。

看完这个故事，有人会讥笑这个役工，认为他头脑愚钝、不懂变通。然而，他不正是生活中许多人的真实写照吗？从小到大，在我们的美德中，努力与坚持都占据重要的位置。我们无一例外地被教导过，做事情要有恒心和毅力，“只要努力，再努力，就可以达到目的”。这样的观念根深蒂固地存在于某些人的头脑里。

一个人如果按照这样的准则做事，就会不断地遇到挫折并产生负疚感。由于“不惜代价，坚持到底”这一教条的原因，那些中途放弃的人，常常被认为“半途而废”，那些另寻出路的人，也被人称作逃兵。

人活于世，仅仅知道要做什么是不够的，因为人的命运取决于做事的结果，而结果取决于做事的方法。不掌握正确的做事方法，再努力也是无用功。正确的方法比执着的态度更重要。调整思维，尽可能用简便的方式达到目标，选择用简易的方式做事，这才是聪明人做事的方法。

不断照镜子，鞭策和激励自己

一匹再懒惰的马，只要身上有马蝇叮咬它，它也会精神抖擞，飞快地奔跑这就是心理学中著名的“马蝇效应”。“马蝇效应”告诉我们，适时的鞭策能使自己不断地前进，获得成功。一个人只有被叮着咬着，他才不敢松懈，才会努力拼搏，不断进步。

有时候，我们会满足于现状，不思进取；有时候，我们会自暴自弃，甚至破罐子破摔。通常情况下，越是有能力的人越容易自负，因为他的内心有着强烈的占有欲，如果任由这样的情况发展下去，他就会被自满吞噬，安于现状、不思进取；还有的人遭遇了一点点挫折就松懈了，丧失了生活的希望，自暴自弃。其实，在这些时候，我们都需要利用马蝇效应来鞭策自己，赶走身上的自负与骄傲、畏惧与自卑，激励自己，勇往直前，迎接人生新的一天。

1860年大选结束后，林肯当选为美国总统，他任命参议员萨蒙·蔡思为财政部长，蔡思非常有能力，但是，他狂热地追求最高领导权，而且嫉妒心很强。本来，蔡思想进入白宫，但是，林肯当选了总统，于是，他不得不退而求其次，想当国务卿，但是，林肯任命了西华德，蔡思只好坐了第三把交椅，他对此怀恨在心。一天，巴恩看见萨蒙·蔡思从林肯的办公室出来，巴恩对林肯说："你不要将此人选入你的内阁。"林肯问道："你为什么这样说？"巴恩回答道："因为他认为他比你伟大得多。"林肯恍然大悟："哦，你还知道有谁认为自己比我要伟大的？"巴恩回答："不知道了，不过，你为什么这样问？"林肯说："因为我要将他们全部收入我的内阁。"

后来，《纽约时报》的主编亨利·雷蒙特拜访林肯的时候，特地告诉林肯，蔡思正在狂热地上蹿下跳，准备谋求总统职位。林肯以自己特有的幽默方式告诉雷蒙特："你不是在农村长大的吗？那么你一定知道什么是马蝇了。有一次，我和我的兄弟在肯塔基老家的一个农场犁玉米地，我吆马，他扶犁，这匹马很懒，但有一段时间它竟在地里跑得飞快，连我这双长腿都差点跟不上。到了地头，我发现有一只很大的马蝇叮在它身上，于是，我就把马蝇打落了。我的兄弟问我为什么要打掉它，我回答说，我不忍心让这匹马那样被咬，我的兄弟说：'哎呀，正是这家伙才使马跑起来的嘛！'"讲完了故事，林肯意味深长地说："如果现在有一只叫'总统欲'的马蝇正叮着蔡思先生，那么只要它能使蔡思的那个部不停地跑，我就不想去打落它。"

林肯所提出的"马蝇效应"被许多人运用到公司或企业的管理中，但不要忘了，管理好了自己才能有效地管理别人。在日常生活中，我们也需要利用好"马蝇效应"，适时鞭策自己，使自己努力向前。林肯以"欲求"叮着蔡思先生，其实，每个人对生活都有各种不同的欲求，有的人注重精神方面的追求，如荣誉、地位；有的人比较注重物质，如金钱。

对于我们自己来说，最大的欲求就是梦想了，在人生的道路上，我们要以"梦想"这只马蝇来叮着自己、激励自己，让自己这匹"马儿"欢快地跑起来。

一天夜里，小偷潜入了谈迁的家里，但是，小偷发现谈迁家里空荡荡的，根本没有什么值钱的东西。正当小偷失望而归的时候，他一眼瞥见了屋子角落里有一个锁着的竹箱，小偷如获至宝，以为里面装着值钱的财物，就把整个竹箱偷走了。其实，那个竹箱里并没有什么值钱的东西，而是谈迁刚刚写好的《商榷》，对小偷来说，这东西一文不值，而对谈迁来说，却是珍贵的书稿。

20多年的心血化为了乌有，这对谈迁来说，是一个致命的打击。他已经年过半百，两鬓花白，似乎无力坚持下去了。但是，谈迁没有放弃，他不断地鞭策自己：再写一本将会更精彩。在强大信念的支撑下，谈迁从痛苦中崛起，重新撰写那部史书。10年以后，又一部《商榷》诞生了，新写成的《商榷》104卷，约430万字，而内容比之前的那部更精彩、翔实，谈迁也因而名垂青史。

小偷在无意之间做了那只“马蝇”，促使谈迁鞭策自己，重新撰写了《商榷》这部史书。或许，正是因为再一次的仔细撰写，才使得《商榷》更精彩，而谈迁也名声大振。生活有时候就是这样，总是有意无意地影响着我们，然而，只要不停止对自己的激励，我们就永远都有再站起来的那一天，成功也从来不曾离我们而去。

无论如何，生活还是要继续，我们停止了前进的步伐是因为我们内心已经松懈、倦怠，所以，要适时鞭策自己，不断地鼓励自己，前方就是成功之路。只要我们不断地提醒自己、激励自己，我们就会像那匹被马蝇所叮的马儿一样，越跑越快，最终能够将心中的梦想变成现实。

积极的心理暗示，鼓起勇气去行动

每个人都必须为自己制订明确的目标，并且让目标深植于心，从而不断地向着目标努力，越来越接近自己梦寐以求的成功。曾经有位销售大师，他在每天早晨起床之后，都告诉镜子里的自己“我是最优秀的”，这看起来虽有些形式主义，实际上却收效显著。他在如此激励自己之后，总是能够自信满满地走出家门，也能够满怀自信地面对一天的生活和工作，努力地奋斗拼搏。为何这句话具有如此神奇的魔力呢？其实，这就是心理学上所说的心理暗示。对于任何人而言，心理暗示的作用都很强大，积极的心理暗示能够帮助人们树立自信，也能够使人变得非常优秀；与此相反，消极的心理暗示则使人们对自己失去信心，哪怕是力所能及的事情也无法做好。由此可见，我们每个人都要对自己进行积极的心理暗示，这样才能帮助自己拥有信心十足、活力满满的一天。

那么，只需要告诉自己“我很优秀”就能够创造奇迹吗？想要获得成功，这么做还远远不够。很多人在做事情之前总是忧思重重、顾虑太多。大多数成功者在决定去做之后就会义无反顾地去做，而大多数失败者在决定去做之后，马上就会设想可能出现的各种糟糕情况和难以收场的结果，最终导致自己在心理状态上就变成了一个彻头彻尾的失败者。如此一来，他们如何能够获得成功呢？由此可见，我们除了告诉自己“我很优秀”之外，还要像一个真正的成功者那样，鼓起勇气一往无前地去做，也要减少忧思，不给自己拖后腿。唯有具有这样的魄力和决断，我们才能距离成功更近一步。

桑德斯上校退休后，在高速路旁开了一家小饭店，专门经营快餐生意。因为饭店紧挨着高速路，人来人往川流不息，也因为桑德斯上校发明了非常美味的香酥炸鸡，所以，饭店虽小，但是生意很火爆，而且拥有稳定的客人。后来，因为高速路改道，饭店的生意突然间变得很差，每天都门可罗雀。眼看着经营惨淡，桑德斯上校决定关闭饭店，开始四处推销自己的炸鸡配方。

然而，附近没有任何饭店愿意购买桑德斯上校的炸鸡配方，他们还总是嘲笑挖苦和讽刺桑德斯上校。毫无疑问，没有任何人愿意被讽刺，更何况桑德斯上校已经很老了。然而，面对嘲笑和拒绝，桑德斯上校没有放弃，而是继续努力四处推销自己的炸鸡配方。为了找到买主，他开着自己破旧的老爷车走遍了美国，白天推销，晚上就住在车上。终于，在被拒绝1009次之后，桑德斯上校找到了诚心诚意的买主。从此之后，挂着他头像的肯德基连锁店开遍了世界的每一个角落。

在无数次被嘲笑和拒绝之后，桑德斯上校坚信自己的炸鸡配方与众不同，也坚信自己的炸鸡配方拥有巨大的商业价值，因而他才毫不气馁地继续推销，甚至开着破旧的老爷车走遍了美国，最终才成功地把自己和炸鸡配方一起推销出去。假如他只有信念，却缺乏坚持去做的勇气，那么他在遭受数次失败之后必然一事无成。

常言道，没有天生的神枪手，每个神枪手都是一枪一枪打出来的。朋友们，要想获得成功的人生，只告诉自己“我很优秀”是远远不够的，我们还必须像一个真正优秀的人那样，胜不骄败不馁，坚定不移地行走在人生路上，这样才能真正获得成功，成就自己与众不同的人生。

尤其是在现代职场上，每个人都面对着巨大的压力，每个人也都有着充分的自信。然而，千万不要因为自信就无所事事，就认为每个人都应该高看自己。在凭借实力说话的现代社会，我们只为自己喊口号是远远不够的，还要像一个真正的成功者那样积极地面对人生，勇敢地开拓人生，这样才能最终做出成就，证明自己的实力。

只要坚持就有意想不到的收获

古人云：“有志者，事竟成，破釜成舟，百二秦关终属楚；苦心人，天不负，卧薪尝胆，三千越甲可吞吴。”这句话的意思就是，只要我们坚持到底，无论梦想多大，都有实现的可能。我们常常发现有许多人在做事最初都能保持旺盛的斗志，然而，随着遇到的挫折增多，他们变得懈怠，热情也退却了，最终放弃了希望，失去了自己应有的成功。

的确，某些工作看起来平凡不起眼，但只要我们能坚韧不拔地去做、坚持不懈地去做，那么，这种持续的力量就能帮助我们获得事业的成功。

当然，在坚持的过程中，你可能会遇到一些压力和困难，但你要明白的是，此时你更应该以超强的意志力再坚持一下，也许转机就在下一秒。这正如巴甫洛夫曾说的："如果我坚持什么，就是用炮也不能打倒我！"

很久以前，在一个偏僻的小山村里，有一对堂兄弟，他们年轻力壮，雄心勃勃。他们渴望成功，希望有一天能够成为村里最富有的人。

一天，村里决定雇用他们二人把附近河里的水运到村广场的水缸里去。这对他们来说真是一份美差，因为每提一桶水他们就能赚取一分钱，这在小镇来说是最好的工作了。两个人都抓起水桶奔向河边。

"我们的梦想实现了！"表哥布鲁诺大声地叫着，"我简直无法相信我们的好福气。"

但是表弟柏波罗不是非常确信。他的背又酸又痛，提那重重的大桶的手也起了泡。他害怕明天早上起来又要去工作。他发誓要想出更好的办法。

几经琢磨之后，表弟决定修一条管道，将水从河里引到村里去。他把这个主意告诉了表哥，但是表哥觉得他们现在正做着全镇最好的工作，不愿意花那么长的时间去修一条管道。

柏波罗并没有气馁，他每天用半天时间来提水，半天时间修管道，并且始终耐心地坚持着。

布鲁诺和其他村民开始嘲笑柏波罗。布鲁诺赚到比柏波罗多一倍的钱，开始热衷于炫耀他新买的东西。他买了一头驴，配上全新的皮鞍，拴在他新盖的二层楼旁。

他买了亮闪闪的新衣服，在乡村饭店里吃可口的食物。村民们称他为布鲁诺先生。他坐在酒吧里，为人们买上几杯，而人们为他所讲的笑话开怀大笑。

当布鲁诺晚间和周末睡在吊床上悠然自得时，柏波罗还在继续挖他的管道。头几个月，柏波罗的努力并没有多大进展。他工作很辛苦，比布鲁诺的工作更辛苦，因为柏波罗晚上和周末都在工作。

一天天、一月月过去了。表弟柏波罗仍然没有放弃，完工的日期越来越近了。

偶尔，柏波罗闲下来的时候，也会看看布鲁诺，他发现，布鲁诺还在费劲地运水。布鲁诺似乎苍老了很多，背都驼了，步伐也沉重起来了，并且，他开始产生抱怨情绪，总是气呼呼的，他不想就这样一辈子运水。

布鲁诺再也不会因为他有大把的时间在吊床上睡觉而感到惬意了，他喜欢泡在酒吧里，现在，当布鲁诺出现的时候，人们都会在背地里议论他："提桶人布鲁诺来了。"那些无聊的醉汉还模仿布鲁诺驼着背走路的样子，布鲁诺羞愧难当，也不再给别人买酒，那些曾经的笑话现在在他看起来就是最大的讽刺。

而此时，表弟柏波罗正在接近成功，很快，管道完工了！村民们纷纷前来看新管道是怎样运行的，他们看到，清澈的水从管道流入水槽里，整个村庄都有了新鲜的水，因为这条管道，其他村庄的人也都陆续搬到这个村来。

管道一完工，柏波罗不用再提水桶了。无论他是否工作，水都会源源不断地流入。他吃饭时，水在流入；他睡觉时，水在流入；当他周末去玩时，水仍在流入。流入村子的水越多，流入柏波罗口袋里的钱也越多。

“管道人柏波罗”逐渐打出了名气，人们称他为奇迹创造者。

人们常说，鱼与熊掌不可兼得，其实，做任何事情都是如此，想要日后达成目标，现在就要忍受痛苦，坚持下去。

任何人、任何事情的成功，固然有很多方法，但最根本的就是坚持。不管遇到什么困难，只要风雨无阻并相信自己能成功，就一定能迎来曙光、迎来成功。而相反，如果我们老在前进的道路上给自己设置重重的心理障碍，总是让自己刚迈出的脚步又退回原点，那么我们又如何战胜压力、走向终点呢？唯有抱着一种不怕输、不认输的精神，有一种失败后再坚持一下的勇气，最终才能获得成就。

事实证明，任何一个取得成功的人，都付出了超乎常人的努力。一个人要想获得人生的幸福，就要每一天都勤奋工作。付出不亚于任何人的努力是一个长期的过程，只要坚持就一定能够获得不可思议的成就。

在等待和忍耐中历练自己

只要你细心观察，你会发现，自古之今，大凡成功者，无不是经历了一番“寒彻骨”，在磨难和痛苦中，他们练就了一身的本领和打不倒的意志。当然，这并不是要告诉我们放弃对成功的追求，而是要让我们学会锻炼自己的韧性，无论现下的情况如何，都不可过分张扬，也不可就此松懈。

哲人尼采说：“年少有成，被人追捧，会让他们变得骄傲，失去正确的价值观，忽视年长者的教训以及脚踏实地的重要。不仅如此，他们还会迷失成熟的意义，自然而然剥离出由成熟所维持的文化环境。他人随着时间的推移日渐成熟，工作的内涵也越来越深。而他们却难以成长，总是如此幼稚，喜欢炫耀过去的成功与功绩。”

尼采要告诉我们的是，没有人能随随便便成功，过早地成功，会冲昏我们的头脑，让我们变得浮躁，失去正确的价值观，并失去发展的机会。一个人只有经历痛苦、失败，才能明白成熟的真正含义，才能成为一个具备成功者资质的人。我们先来看看下面的故事：

从前，有个叫仲永的孩子，他很小的时候，就表现出了与众不同的才智。

五岁的一天，他突然哭闹着要纸和笔，可他们家里实在是太穷了，哪里有闲钱买这个呢？于是，他的父亲只好从邻居那里借来这些东西，看到纸笔后，他马上不哭了，还写了一首诗呢！

很快，方圆几十里的人都听说了有个没读过书的5岁孩子居然会写诗，而且能“指物作诗”。人们对此感到惊奇，因此渐渐有人请仲永和他的父亲去做客，有的人还特意花钱请仲永题诗。他的父亲见有利可图，便每天都领着仲永四处拜访，根本不让仲永有学习的时间。

仲永本身是个资质不错的人，最终却“泯然众人”。这也向我们证实了尼采的观点——过早地成功也是一种危险。因为，过早地尝试成功的滋味，会让一个人变得懈怠，对于那些年轻人来说，这无异于一种毒药，会让他们停滞不前。

相反，真正有所成就的人都是在等待和忍耐中历练自己，无论年纪多大，也不会放弃梦想，为此，在古今中外的历史上，我们看到了不少大器晚成的故事。

事实上，一个人的成才与事业成功和年龄并无直接的关系，而是在于内心有一颗永不熄灭的、火热的心始终对梦想有着强烈的冲动，只要你一直走心中向往的那条路，即便你已经年逾古稀，你依然能驾驭自己的人生，实现自己的人生价值。

当然，要想获得最终的成功，我们还需要从多个方面努力：

1.做事要有条理有秩序，不可急躁

急躁是很多人的通病，但任何一件事，从计划到实现的阶段，总有一段所谓时机的存在，也就是需要一些时间让它自然成熟。假如过于急躁而不甘等待的话，经常会遭到破坏性的阻碍。因此，无论如何，我们都要有耐心，压抑那股焦急不安的情绪，如此才不愧为真正的智者。

2.立即行动，勤奋才能产生行动

我们都知道勤奋和效率的关系。在相同条件下，当一个人勤奋努力地工作时，他所产生的效率肯定会大于他懒散工作时的效率。高效率的工作者都懂得这个道理，所以，他们能够投入实际的行动，能够收获成就感和满足感。

3.低调中修炼自己，积累自己的实力

这需要你把每件任务都当成自己唯一的追求去做，不达目的绝不罢休，调动所有的储备和资源，寻求一切可能的帮助。没有这种锲而不舍的精神，你可能一辈子也做不成什么大事。

当然，我们强调要养精蓄锐，火候未到、锋芒不露，但这并不等同于让你做事畏首畏尾，不敢放手施展抱负。只是凡事都该有个“度”，张扬与内敛之间，就看你如何把握！

第 04 章

最怕你一生碌碌无为，还安慰自己平凡可贵

生活中，有太多这样的人——生活不见任何起色，事业碌碌无为，眼看着身边的同学朋友都找到人生方向，并在某个领域获得了成功，他们便生出酸葡萄心理，安慰自己平凡可贵。虽然，他们并未领悟到平凡的真正含义。

自我设限，你便失去了跳跃的能力

在生活中，许多人不敢追求成功，原因并不是追求不到成功，而是他们在还没有开始追逐之前就在心里默认了一个“高度”，这个高度常常暗示自己：成功是不可能的，这个是没办法做到的。

由此，“心理高度”成为了人们无法取得成功的根本原因之一。自我设限是一件很悲哀的事情，我们要将成功的信念注入血液之中，不断地告诉自己“我能行”“我努力就一定能成功”“我是最优秀的”，不断增强自信心，勇于向成功奋进。如果你不逼自己一把，你根本无法想象你是多么地出色。

1900年的某天，著名教授普朗克和儿子在花园里散步，他看起来神情沮丧，遗憾地对儿子说：“孩子，十分遗憾，今天有个发现，它和牛顿的发现同样重要。”原来，他提出了量子力学假设以及普朗克公式，但是，他一直很崇拜并虔诚地奉牛顿的理论为权威，而自己的发现将打破这一完美理论，他有些怀疑自己的判断，最终他宣布取消自己的假设。不久之后，25岁的爱因斯坦大胆假设，他赞赏普朗克假设并向纵深处引申，提出了光量子理论，奠定了量子力学的基础。随后，爱因斯坦又突破了牛顿绝对时空理论，创立了震惊世界的相对论，并一举成名。

对自己的怀疑，常常会让我们失去成功的机会，或是让我们放慢前进的脚步。普朗克对自己的怀疑，使物理学界的相关研究滞后了几十年。所以，任何时候，切莫怀疑自己，而应努力、勇敢地证明自己，这样我们才有可能站在成功的顶峰之上。

1796年的一天，在德国哥廷根大学，19岁的高斯吃完了晚饭，就开始做导师单独布置给自己的每天例行三道数学题。高斯很快就把前面两道题做完了，这时，他看到了第三道题：要求只用圆规和一把没有刻度的直尺，画出一个正17边形。高斯感到非常吃力，时间很快就过去了，但是，这道题还是没有一点进展。高斯绞尽脑汁，但是，他很快发现自己学过的所有数学知识似乎都不能解答这道题。不过，这反而激起了高斯的斗志，他下决心：我一定要把它做出来！他拿起了圆规和直尺，一边思考一边在纸上画着，尝试着用一些常规的思路去找出答案。

天快亮了，高斯长舒了一口气，自己终于解答了这道难题。见到导师，高斯有点内疚："您给我布置的第三道题，我竟然做了一个通宵，我辜负了您对我的栽培……"导师接过了作业，当即惊呆了，他用颤抖的声音对高斯说："这是你自己做出来的吗？"高斯有点疑惑："是我做的，但是，我花了一个通宵。"导师激动地说："你知不知道，你解开了一道两千多年历史的数学题，阿基米德没有解决，牛顿没有解决，你竟然一个晚上就做出来了，你才是真正的天才！"原来，导师误把这道难题交给了高斯。每次高斯回忆起这一幕时，总是说："如果有人告诉我，这是一道两千多年历史的数学难题，我可能永远也没有信心将它解出来。"

我们应该永远记住一句话：你比自己想象中更优秀。因为我们每个人所拥有的潜能都是无穷的，我们所展现出来的只是九牛一毛，还有更多的等待我们去挖掘。相信自己，多给自己一份肯定，自己永远比想象中优秀一点，这样，你才会成功地挖掘出自己的潜在价值，从而使自己变得更优秀。

只要我们勇于去寻找真实的自我，激发出自己无穷的能量，就能够彰显自身的价值，这会让我们人生的每一刻都过得精彩。

许多人不明白自己的价值所在，他们也不知道自己到底具有多大的潜能，所以，他们便不知道自己到底会有多么伟大。事实上，一个人的价值有时候是显现的，但在很多时候都是隐现的，而在每个人的身体里，都蕴藏着巨大的能量，这就是我们的价值所在。

平庸并不可怕，可怕的是永远平庸

许多人觉得自己很平凡，能力很普通，先天条件的欠缺导致他们对自己丧失了信心，在他们看来，不管自己如何努力，最终都只会成为一个平庸的人。因为抱着这样的想法，所以他们已经不想去努力，只是浑浑噩噩地生活着，有的人甚至选择了自甘堕落的生活。

然而，我们千万不能忘记，成功的路从来不是一帆风顺的。许多人也曾迷茫过，也曾不知道未来究竟在哪里，但是，他们以自己成功的经历告诉我们：相信梦想，梦想自然会回馈于你，努力比任何东西都来得真实，用坚韧换机遇，用时间换天分，哪怕走得很慢，也终会抵达。

有一个孩子想不明白自己的同桌为什么每次都能考第一，而自己每次却只能排在他的后面。

回家后他问道："妈妈，我是不是比别人笨？我觉得我和他一样听老师的话，一样认真地做作业，可是，为什么我总输给他？"妈妈听了儿子的话，感觉到儿子开始有自尊心了，而这种自尊心正在被学校的排名伤害着。她望着儿子，没有回答，因为她不知道该怎么样回答。又一次考试后，孩子考了第20名，而他的同桌还是第一名。回家后，儿子又问了同样的问题。她真想说，人的智力确实有高低之分，考第一的人，脑子就是比一般人的灵。然而，这样的回答，难道真的是孩子想知道的答案吗？她庆幸自己没说出口。

应该怎样回答儿子的问题呢？有几次，她真想重复那几句被成千上万个父母重复了无数次的话——你太贪玩了；你在学习上还不够勤奋；和别人比起来还不够努力……以此来搪塞儿子。然而，像她儿子这样脑袋不够聪明、在班上成绩不甚突出的孩子，平时活得还不够辛苦吗？所以她没有那么做，她想为儿子的问题找到一个完美的答案。

儿子小学毕业了，虽然他比过去更加刻苦，但依然没赶上他的同桌，不过，与过去相比，他的成绩一直在提高。为了对儿子的进步表示赞赏，她带他去看了一次大海。就在这次旅行中，这位母亲回答了儿子的问题。

母亲和儿子坐在沙滩上，她指着海面对儿子说："你看那些在海边争食的鸟儿，当海浪打来的时候，小灰雀总能迅速地飞起，它们拍打两三下翅膀就升入了天空；而海鸥总显得非常笨拙，它们从沙滩飞向天空总要很长时间，然而，真正能飞越大海、横过大洋的还是它们。"

"海鸥总显得非常笨拙，它们从沙滩飞向天空总要很长时间，然而，真正能飞越大海、横过大洋的还是它们。"平凡又怎样，不起眼又怎样，只要你努力，一样可以飞过大洋。当我们在讨论这个问题的时候，应该反思的是自己是否努力过，如果你连努力都不曾有，又何必抱怨社会不公呢？

我们都听过龟兔赛跑的故事。兔子机灵，跑得快，它以为自己胜券在握，所以安心地睡起了大觉。谁知道，看起来慢吞吞的乌龟，却以百倍的努力以及坚持不懈的精神最先达到了终点。谁能笑到最后，还真是不一定。

大学毕业后，威廉的求职战役正式打响，他向多家知名企业投递了大概20多份简历。那真是一段不堪回首的岁月，他天天跑招聘会，但自己的努力看不见任何回应，那些投递出去的简历石沉大海般杳无音讯。好不容易有几家公司通知面试，但他在找工作的路途上依然是曲折坎坷。

威廉在笔试上失意过，在群面时因插不上话而被刷掉过，和许多求职的年轻人一样，他曾经历过低谷期，但他始终努力着。遇见太多糟糕的事情，他反而觉得一切都会慢慢好起来；情绪太过糟糕，他反而知道应该如何来梳理情绪；了解了自己的缺点之后，他反而知道什么工作才是最适合自己的。在每一次求职失败后，威廉都会反思自己的缺陷和不足、总结失败的经验，从来没有放弃过努力。

威廉说："天赋决定了一个人的上限，努力则决定了一个人的下限。"许多年轻人根本没有努力到可以拼搏天赋的程度，就已经放弃了，威廉深知自己没有一步登天的天赋，所以只能用努力的时间来换取天分。

当然，最后威廉如愿找到了一份好工作，而这与他平时的努力是分不开的。

成功恰巧就是运气撞到了努力而已，努力永远不会有错，即便现在无法感受到努力的回报，你也总会在未来的某天有所收获。选择自己喜欢的事情，然后努力到坚持不下去为止，相信梦想，更要相信努力，因为遗憾比失败更可怕。当你在追逐梦想的时候，这个世界总会制造许多挫折与困难来阻挡你，残酷的现实会捆住你的手脚，但其实这些都不重要，重要的是你是否有努力到底的决心。

平庸并不可怕，可怕的是永远平庸。既然上帝没有赐予我们天赋，那我们就用后天的努力来弥补。越努力越幸运，如果你觉得自己平凡，那就用努力换天分。当然，在这个过程中，我们要始终相信努力奋斗的意义，让未来的你，感谢现在拼命努力的自己。

坚持不懈可以让你在失去动力的时候继续你的行动，这样可以令结果渐渐好转。坚持不懈最终会产生它的动机。只要保持你的努力，你最终就会得到回报，这个回报可以为你带来强大的动力。

想得太多，往往会错失良机

从前有一头毛驴，它拥有两堆草料。它饿了，可是，站在两堆草料中间，是去左边还是去右边呢？往左边走走——嗯，还是去吃右边的比较好；往右边走了几步——算了，还是去左边那堆好了。走走又回头，回头又走走，于是，这头幸运的毛驴，就这样在两堆草料间活活地饿死了。这个故事当然是有点夸张，但仍给我们启迪不要以为人就不会做这样的傻事，因为人比毛驴聪明，思考能力强，在前思后想中，更容易犹豫不决、失去机会。

在生活中，有不少年轻人做事思前想后，顾虑太多，结果在犹豫不决中丧失了绝佳的机会，也失去了改变人生的机会。

安妮是哈佛大学艺术团的歌剧演员，她有一个梦想：大学毕业后，先去欧洲旅游一年，然后要在纽约百老汇占有一席之地。心理老师找到安妮说："你今天去百老汇跟毕业后去有什么差别？"安妮仔细一想，说："是呀，大学生活并不能帮我争取到去百老汇工作的机会。"于是，安定决定一年后去百老汇闯荡，老师感到不解："你现在去跟一年以后去有什么不同？"安妮想了一会，对老师说："我决定下学期就出发。"老师紧紧追问："你下学期去跟今天去，有什么不一样呢？"安妮有点眩晕了，她决定下个月就去百老汇。老师继续追问："一个月以后去跟今天去有什么不同？"安妮激动不已，说："给我一个星期的时间准备一下，我就出发。"老师步步紧逼："所有的生活用品都能在百老汇买到，你一个星期以后去和今天去有什么差别？"安妮激动地说："好，我明天就去。"老师点点头："我已经帮你预定了明天的机票。"

第二天，安妮飞赴了百老汇，当时，百老汇的制片人正在酝酿一部经典剧目，许多艺术家都前去应聘。当时的应聘步骤是先挑出10个左右的候选人，然后，再要求每人按剧本演绎一段主角的对白。安妮到了纽约后，没有着急打扮自己，而是费尽心思从一个化妆师手里要到了剧本，在之后的两天时间里，她闭门苦练，悄悄演练。到了正式面试那天，安妮表演了一段剧目，她感情真挚，表演惟妙惟肖，制片人惊呆了，当即决定主角非安妮莫属。

安妮到纽约的第一天就顺利进入了百老汇，穿上了她人生中的第一双红舞鞋，她的梦想实现了，她成为了百老汇的一名演员。当然，她很快就实现了自己的梦想，尽管之前的她是犹豫的，不过她依然抓住了时间——马上出发。在生活中，许多追逐梦想的人总是磨磨蹭蹭，前怕狼后怕虎，结果硬生生地耽误了时间，错失良机。

有一天，老鼠大王召集了许多鼠族成员开会，大家围在一起商量如何解决猫吃老鼠的问题。老鼠大王抛出了问题，老鼠们都积极发言，出主意、提建议，不过，会议持续了很久，最终也没有找到一个可行的方法。

这时，一只平时被大家称为"赛诸葛"的老鼠说："我们与猫多次作战的经验表明，猫的武功实在太高了，若是单打独斗，我们根本不是它的对手。我觉得对付它的唯一办法就是——预防。"大伙听了面面相觑，问道："怎么防呢？"这只老鼠狡黠地说："给猫的脖子上系上铃铛，这样，猫一走铃铛就会响，听到铃声我们就躲藏到洞里，它就没有办法捉到我们了。"老鼠们听了都雀跃起来："好办法，好办法，真是个聪明的主意！"

老鼠大王听了这个办法以后，高兴得什么都忘记了，当即宣布举行大宴。可是，第二天酒醒了以后，它觉得不对，于是，又召开紧急会议，并宣布说："给猫系铃铛这个方案我批准，现在开始就落实到具体行动中。"一群老鼠激动不已："说做就做，真好真好！"受到老鼠们的支持，鼠王问道："那好，有谁愿意去完成这个艰巨而又伟大的任务呢？"会场里一片寂静，等了好久都没有回应。

于是，老鼠大王命令道："如果没有报名的，我就点名啦！小老鼠，你机灵，你去给猫系铃铛吧！"老鼠大王指着一个小老鼠说。小老鼠一听，马上浑身颤抖，战战兢兢地说："回大王，我年轻，没有经验，最好找个经验丰富的吧！"接着，老鼠大王又对年纪稍大的鼠宰相发出命令："那么，最有经验的要数鼠宰相了，您去吧！"鼠宰相一听，吓坏了胆，马上哀求说："哎呀呀，我这老眼昏花、腿脚不灵的怎能担当得了如此重任呢，还是找个身强体壮的吧！"于是，老鼠大王派出了那个出主意的老鼠。这只老鼠哧溜一声离开了会场，从此，再也没有见到它。最终，老鼠大王一直到死，也没有实现给猫系铃铛的夙愿。

人生有三大憾事：遇良师不学；遇良友不交；遇良机不握。很多人把握不住机遇，不是因为他们没有条件、没有胆识，而是因为他们考虑得太多，在患得患失间，机遇的列车在他们这一站停靠了几分钟，又向下一站驶去了。我们生活在一个激烈竞争的时代，很多机会本来就是稍纵即逝的。每每，在优柔寡断的人左思右想的时候，机会已经溜到了别人手里，把他远远抛在了后面。

只有及时行动才可以缩短自己与目标之间的距离，也只有行动才能将梦想变为现实。如果你只是心里想想，或总是考虑其他的因素，错过了及时行动的机会，你必然会后悔莫及。

目标是否可以实现，关键在于是否能及时行动。在任何一个领域里，不努力去行动的人，都不会获得成功。正所谓“说一尺不如行一寸”，任何希望、任何计划最终必然要落实到具体的行动中。

别太早地过上安逸的生活

在职业生涯过程中，我们往往不愿频繁更换工作环境。不过，若是在同一种环境下工作得太久，总免不了会产生一种现象，那就是被环境同化，使自己丧失上进心和适应能力，而只能适应目前的工作环境。大量数据显示，人们做同一份工作差不多3年之后，工作环境就会产生类似“青蛙效应”：工作环境和身边的同事太熟悉，工作基本缺乏太大的挑战，可以说是安逸稳定，也可以说原地踏步。

对很多人而言，尽管现在的工作难度看起来不那么高，也清楚这样的安逸状态持续下去是可怕的，却缺乏接受更难工作的勇气。你的身上如果出现这样的情形，就要警惕了，否则你就真的成为那只温水里的青蛙了。

小娜大学毕业后，被父母安排到小镇的政府上班。这是一个悠闲的工作，工资待遇很不错，福利也有保证，工作环境安逸。这对于刚刚大学毕业的小娜而言，无疑是一种幸福，她在小职员的岗位上快乐地工作着。而这一时期，一起毕业的同学还在辛苦地奔波着找工作，比起他们，小娜觉得自己起点高多了。而且，比起那些销售、广告设计等工种，政府部门不管是人事制度还是工作方式都要更加规范，更重要的是工作难度并不大，每天只需要看看报纸、写写报告就行了，小娜觉得这是非常安逸的工作。

五年过去了，小娜一直在政府做着小职员的工作。当她发现自己身边的朋友开始步入管理岗位，自己却依然做着小职员的时候，她才开始渐渐意识到：一直从事简单的工作，表现自己的机会自然也少了很多，也缺乏学习新东西的机会。而且自己一直安于现状，从不主动积极争取机会，这些年来的收获要比当初进公司一工作就独当一面的同学少很多。尽管当初自己的待遇算是比较可观的，但现在看起来她已和朋友们相差很大一截。

任何一份工作都会有令人喜欢的部分，也会有令人不喜欢的部分。一份工作是否让人喜欢，需要综合考虑，如工作中的满足感、被认同感、个人兴趣、未来发展、薪资福利，甚至工作时间……并非每一个安于现状的人都会成为温水里的青蛙，也并非所有的温水都一定会烧开。每个人的价值取向、性格脾气、家庭情况是大不相同的，作出彻底改变固然值得赞赏，不过，我们若能在现有的基础上调整自己、适应环境，那也是值得夸赞的。

工作中涉及专业技能的内容并不多，或者即使有，也只有那么一点，已经太熟悉了，自己也没有再去学习；自己所从事的行业并非朝阳行业，或者即使是朝阳行业，也并非核心部门；从事工作这么多年以来，职业或待遇没有显著变化，或许几年前工资待遇是令人羡慕嫉妒的，但这几年下来，别人都已经进步了，你依然在原地踏步；你与身边的同事一起工作很多年了，但始终只有几个才是关系不错的，甚至领导对你的印象也并不深刻。

如果你符合上述两条以上，那么你已经是温水中的青蛙了，应该保持警惕心态了。

大多数人看不清楚目前的状况，对未来充满迷茫，这在很大程度上都是由于他们对未来没有一个十分明确的规划，也不清楚自己希望朝着什么方向发展。正所谓“生于忧患，死于安乐”，我们不妨考虑一下希望自己五年之后变成什么状态，若是按目前的状况是否可以走到那一步。

每一条人脉背后都是一个潜力的圈子，我们的职场发展在很大程度上来说依赖于人际关系圈子。因此，我们要敞开自己的心，多认识一些朋友，这样很有可能带给你意想不到的机会。

不断的学习会让我们意识到身边的危险和即将要出现的变化，要开拓自己的视野，而不要故步自封、原地踏步。在这方面所有职业都是相通的，即便是公认的温水环境，如政府部门。尤其需要提醒的是，千万不要等到工作有需要才想到学习，而应将学习当成主动的目标，没事时哪怕看看书也是很不错的。

假如你真的决定摆脱“温水”环境，那么，不管是寻找全新的职场机遇，还是在现有的环境下作出改变，都需要适度忍让。这种忍让有可能是待遇方面的，也有可能是工作变动等。假如一时的后退可以换来更大的前进，那所有的一切都是值得的。

当然，在温水环境里并不是最可怕的，可怕的是身在其中却不知，依然浑浑噩噩过日子。所以，要随时保持自省的意识，保持清醒的头脑，具备敏感度和警惕性；同时，即使在温水中，也不要太过忧虑，而应想办法改变自己现在的处境。

人生的乐趣就是接纳新的生活

在这个世界上，并没有一成不变的事情，这个世界每时每刻都在发生着巨大的变化。不可否认的是，几乎所有的改变都会导致恐惧，不管是好的改变，还是坏的改变。

有人想结婚，但他马上会陷入恐慌，如果爱情无法天长地久怎么办？如果自己选错了伴侣怎么办？有人想换一份新的工作，但他马上会惶恐不安，如果自己不能胜任新工作怎么办？如果公司没办法兑现招聘时的承诺怎么办？甚至，有的人想改变自己的发型，他也会担忧不已，万一新发型看起来很糟糕怎么办？如果自己因此而变得不漂亮怎么办？这听起来似乎是很可笑的事情，但事实就是如此：改变常常令我们感到局促不安。

王太太结婚时，嫁给了一个地产大户，因为家里相中了对方家里的财势。第一次去他家，她看着旋转的大厅，以及宽阔的大花园，心里觉得没什么好拒绝的。于是，婚事就这样答应了下来。

结婚后，王太太过着衣食无忧的阔太太生活，老公整天忙着工作，她无聊就约上几个朋友打麻将，或者飞到香港去购物。她常常会想：如果失去了这样的生活，自己该怎么办？当然，王太太的担心并不是毫无理由的，最近，楼市跌得厉害，许多房产大户都成了穷人。就好比经常与自己一起打麻将的张太太，去年房市低迷，张先生的公司硬是没熬过来，现在一家人挤在几十平米的出租房里。每次一和她打电话，张太太就哭：“这日子是没法过了。”

没想到，过了不久，这样的猜想成为了事实。王先生投资失败，不仅血本无归，而且欠了几十万的债。王太太还没来得及看一眼后花园，就坐着一辆破旧的面包车走了。搬家后，他们租了房子，王先生的家人凑钱还了债，王先生和太太开始了打工生涯。

上班、煮饭、洗衣服、一个人带孩子，这些事情，王太太连想都没想就做了。她发现，原来自己的老公除了会赚钱以外，还会炒菜、煮饭，还会逗着孩子开心。以前他太忙，两个人几乎没好好地在一起生活，现在这样的日子挺好的。王太太以前总害怕改变自己的生活，但是，如今真的变了，她又发现没什么不好，失去了物质上的富足，却找回了久违的家的温暖。

上帝在关上一扇门的同时，会为你打开另一扇门。当我们过着熟悉的生活的时候，总是害怕会被改变，但是，许多灾难、横祸是无法阻挡的，我们只能改变我们的心态，驱除我们的内心的胆怯。不要去在乎自己失去了什么，哪怕是工作、房子、信用卡，无论我们的生活发生了怎么样的剧变，我们都可以从头开始自己的人生，甚至，你会登上新的高度。

惠普中国区前首席财政官韩颖说："好的设想常常被扼杀在摇篮里，但这绝对不是你变得平庸的真正原因，永远不要害怕改变，改变里就有契机。"

当年，韩颖离开了自己工作九年的海洋石油公司，正式加入惠普公司，在财务部工作。那年，她34岁，面对周围朋友的异议，她说："人生什么时候改变都不会晚。"

在20世纪80年代末期，惠普公司的员工还没有工资卡，每次发工资都是手工完成。300多人的工资，又没有百元大钞，韩颖必须得一一核实，经常数钱数得头都晕了。无意中经过公司附近的一家银行时，韩颖灵光一现——为什么不给员工开户，让员工凭着折子领取工资呢?

说做就做，她兴奋地告诉大家以后领工资不用去排队等候了，直接拿着折子就可以去银行领取了。但是，事情并不顺利，先是员工有抵触情绪，然后，上级领导又把韩颖批评了一顿。回到财务部，韩颖努力忍住自己的眼泪，难道自己真的错了吗?

正在这时，公司的上层领导听说了这事，肯定地赞扬了她："你改写了公司手工发工资的历史，这种勇气和创新精神非常值得嘉奖！"

改变本身带着一种破坏性，意味着你将破坏以前固有的东西，重新去接纳一种新的东西即使是好的改变也是如此。但是，在生活中，许多事情都是需要改变的，这是不容拒绝的。或许，人的心理就是这样矛盾，不变让人厌烦至极，而改变又让人局促不安。通常情况下，那些熟悉的、不变的事情至少会让我们感到心安。

有人说："生命开始于舒适地带的尽头。"无论改变本身带给我们怎么样的不安心理，我们必须记住：生活中的改变只是一个开始，而并不是一个结束。不要害怕改变，因为人生的乐趣就是接纳新的生活。

第 05 章

你不会白白走过那段灰暗的时光

事业受挫的那段日子，失恋的那个夜晚，被房东赶出来的那一天……那些灰暗的时光，如浮云遮住的天空，布满了阴云，再也触摸不到有温度的阳光。但熬过去，就可以看见璀璨星光，迎接灿烂的光影，你不会白白走过那段灰暗的时光。

别害怕被他人利用，就怕你一无用处

生活和工作中，很多朋友都害怕被他人利用，似乎只要被别人利用就算是吃了亏、上了当，受到了深深的伤害。现实情况却是，被利用并没有什么损失，反而借此机会锻炼了自身的能力，可谓收获颇丰。即便在这种情况下，人们一旦被利用，也依然会对利用自己的人深恶痛绝，似乎利用者肯定就是居心叵测的。殊不知，如果能够改变心态，从另外一个角度来看——被利用恰恰说明我们还有价值，还是值得被他人利用的。由此也从侧面间接证明了我们的能力，证实了我们还是有用的。

任何物品或者人的存在，都应该有被利用的价值，这样这个物品或者人的存在才是有意义的。诸如洗碗机被用来洗碗，除草机被用来除草，作为职员，我们也被上司和同事利用……如此周而复始，我们的人生才能不断地实现价值，我们拥有的每一件物品才能物尽其用。和被人利用相比，我们更应该担心的是自己一无用处。倘若一个人丝毫没有被人利用的价值，不得不说是一种悲哀。

在被利用的过程中，聪明人不会喋喋不休地抱怨，而是会借此机会努力提升自己，帮助自己获得更大的进步。此外，我们可以借助于被利用的机会发掘自己身上的优点，从而将其发扬光大，这对于我们的人生是有好处的。当然，我们也可以学习利用他人，毕竟来而不往非礼也，而且人就是在相互欠着的人情中越走越近的。总而言之，不要害怕被他人利用，和毫无用处相比，我们宁愿被利用，也不愿意成为一无所用的“废物”。

作为一名不太出名的演员，马力尽管外形英俊帅气，却始终得不到机会，无法成为大名鼎鼎的明星。不过马力在演艺方面还是很有实力的，尽管不像那些大明星一样名气很大，至少也得到了一部分观众的认可，算是小有名气。前段时间，马力刚刚出演了一部大牌云集的影视剧，虽然是二号角色，但是依然提高了他的知名度。不过，毫无背景的马力很清楚，一个演员如果没有雄厚的财力进行包装，是很难名声大噪的。为此，他很着急地想要寻找一位财力雄厚的合作伙伴。

近年来，演艺圈异常火爆，人们在生活水平提高之后对于休闲娱乐提出了更高的要求。富二代娜娜认识到这个事实，成立了经纪公司，也想借助于演艺圈创造财富。然而，尽管她联系了很多大牌明星，但是那些明星都因为娜娜的公司名不见经传而对其丝毫不感兴趣。而对于那些争抢着想要合作的明星，娜娜又觉得看不上眼，不愿意为他们投入资金。后来，在朋友的介绍下，娜娜认识了马力，俩人一拍即合，马力很符合娜娜的标准，也很需要娜娜的财力支持。最终，他们通力合作，娜娜不惜花费重金包装马力，马力因此曝光度更好，也得到了更多的关注。随着马力的名气越来越大，娜娜的公司也水涨船高，居然有一些明星慕名而来，希望得到娜娜的包装与追捧。就这样，娜娜和马力尽管相互利用，但是他们各取所需，合作得非常愉快，并且都从合作中得到了好处。在密切相关的利益关系中，他们的关系也越来越稳固，他们的合作也很长远。

马力和娜娜的关系，就是典型的相互利用关系。娜娜需要马力这样小有名气也有实力的演艺圈人士作为自己的招牌，马力则需要娜娜的资金支持，以提高自己的知名度。正是因为他们能够恪守合作原则，各取所需，通力合作，他们的合作才能够长远而又愉快。

正如一位名人所说的，这个世界上没有永远的敌人，只有永远的利益。尽管人人都是感情动物，但是，在现代社会，在没有感情基础的情况下，利益才是人与人之间最长久牢固的纽带。因此，朋友们，我们都要改变观点，再也不要害怕被他人利用，因为这正说明他人与我们的交往有利可图，也意味着他人与我们之间会基于利益关系获得长久合作和共同发展。既然我们的目的是提高自己，创造自己的人生价值，实现自己的人生梦想，那么，只要不违背做人的原则和底线，被利用又有何妨呢！当我们被人利用的价值越来越大时，也就意味着我们做人做事的资本越来越多，我们也必然能以越来越强的实力屹立于世。

感谢那个敢于责备你的人

人们常说笑容是最好的妆容，当你面带微笑地看着他人时，他人一定能够感受到你的友善。的确，我们愿意与对着我们笑的人在一起，与他们亲近，和他们交往。但是，恰恰生活中并非如我们所愿的那样，人人都对着我们笑。很多时候，我们看到的是他人声色俱厉的脸。这个声色俱厉的人或者是我们的父母、老师，或者是我们的上司、同事，或者是我们的朋友、同学，或者是与我们初次见面的陌生人……总而言之，他们有可能是任何人。换言之，任何人都有可能突然间对我们变脸，把笑脸变成严肃的脸，变成带着责备意味的脸，变成带着尖锐眼神的脸。那么，面对这样的一张脸，你究竟应该怎么办呢？

人在一生中，总会遭遇他人的声色俱厉、毫不留情。随着时光流逝，最终功成名就的人会发现，他们要感谢那些曾经对他们声色俱厉的人。在他们迷惘时，在他们犹豫时，在他们即将误入歧途时，是那些声色俱厉的面孔，把他们从人生边缘拉回来，让他们从此走上正路。生命，就像是化蛹成蝶的过程，总要经历一次次艰难的蜕变，才能变得成熟美丽。人非圣贤，孰能无过，当你被那一张张声色俱厉的脸警醒时，你恍若再次抓住了命运的转机。

9岁的乐乐正在读小学三年级，开学没几天，他就因为阑尾炎手术请了半个月的假。刚刚复课没多久，又在十一月一日的时候滑轮滑，不小心摔断了腿。由于是右腿胫腓骨骨折，所以他整条右腿都被打上了沉重的石膏，从脚趾头到大腿根，丝毫不能动弹。这个石膏一打就是两个半月。后来，由于乐乐身强体壮，自重太重，所以又在床上待了两个多月才下床。这么一来，他必然休学。原本，妈妈和爸爸也商量好要给他办理休学了。一个偶然的机会，妈妈的好朋友、当老师的乔阿姨对妈妈说："乐乐识字多，知识面广，你以前也是老师，完全可以在家里教他啊，这样就不用休学了。"

在没有拆石膏之前，乐乐不能坐立，因而很抵触妈妈教他书本上的内容。直到两个半月后拆除石膏，妈妈才开始安排他上课。无疑，对于忍受着肉体上痛苦的乐乐而言，在家中独自学习是很需要毅力的一件事情。为了补课，妈妈和乐乐不知道发生了多少次冲突。每当乐乐想要打退堂鼓时，妈妈都会声色俱厉，严格要求他按照课程进度上课。为此，乐乐常常委屈不已，甚至伤心地哭泣。为了乐乐的前途，妈妈毫不心软，依然从严要求。可以说，在补课的这段时间里，妈妈始终时而温柔、时而像个女魔头。漫长的时间过去了，乐乐开学在即。妈妈用三年级的期末试卷给乐乐进行测试，数学99分，语文94分，即使在正常上学的孩子里，这个成绩也算是不错的了。看到这个成绩，乐乐满怀信心地去上学。果不其然，他的语文数学丝毫没有障碍，甚至比很多在校的同学更优秀。此时，10岁的乐乐由衷地感谢妈妈：妈妈，感谢你在一年时间里对我的魔鬼训练，感谢你骂我打我，对我声色俱厉，才让我从开学就得到老师的表扬，而且学习上很轻松。

10岁的乐乐显然说出了自己的心声，虽然他在漫长的时间里数次与妈妈因为学习的事情发生冲突，甚至闹得很不愉快，但是，刚刚开学，他就感受到了妈妈的良苦用心。这么小的孩子尚且知道这个道理，更何况是我们成人呢！因而，不管是在生活中，还是在工作中，我们都应该更加理性地对待他人的否定、鞭策和激励。唯有如此，我们才能做好自己，才能成就自己。

人在一生之中，难免会遇到各种各样的坎坷和挫折。在遭遇挫折的时候，如果你想放弃，那个对你声色俱厉的人就是你的动力；在困难面前，如果你想退缩，那个对你声色俱厉的人就是你的支撑；在诱惑面前，如果你心驰神往，那个对你声色俱厉的人就是你的警戒……总而言之，那个对你声色俱厉的人，一定好过那些对你阿谀奉承的人。因为，对你声色俱厉的人带给你的是清醒、是理智，而对你阿谀奉承的人带给你的只是昏庸。这也是为什么几千年来每个贤明的君主身边一定会有几个勇于进谏的谏臣。这样的督促和鞭策，才能使他们把国家治理得井井有条、国泰民安。所以，感谢那些在你生命中出现的对你声色俱厉的人吧，因为有他们的存在，你才有今日的成就，才能始终保持神智的清明。

经历过挫折，成功才会更坚实

人人都渴望成功，殊不知，成功的获得并非那么容易。大多数情况下，我们要想获得成功，就必然要不断努力、坚持付出。尤其是在人生遭遇逆境的时候，我们面对挫折和磨难，到底是选择迎难而上，还是选择知难而退，最终对我们的人生将会起到很大的影响。现实生活中，很多朋友都仰视成功者，对成功者无比钦佩，甚至反问自己为何不像对方那样成功。其实，细心的朋友会发现，他们的成功并非偶然，他们的为人处世以及对待人生的态度，与失败者都是截然不同的。

很多成功者不但事业有成，而且把家庭生活经营得很好，不但家庭和睦，而且与爱人感情深厚。对于这样占尽天时地利人和的人生宠儿，也许有些朋友会感到愤愤不平，他们不知道为何那些成功者总是得到命运的青睐，总是能够顺心如意。其实，朋友们，这样的看法是错误的。成功者并非因为得到命运的青睐才能顺风顺水，而是因为他们在战胜挫折的过程中越挫越勇，所以最终才能最大限度把握人生、主宰人生。

当然，人生不仅需要百米冲刺的爆发力，更需要跑完马拉松的毅力和韧性。人生不是百米冲刺，而是一场地地道道的马拉松。人生路上，有些人虽然能够获得昙花一现的成功，当时的确很辉煌，也惹人羡慕，而最终却因为缺乏坚持，导致人生突然急转直下。当然，这种情况之所以出现，原因是多种多样的，但是究其根本，我们不难发现，经历过挫折的人，他的成功才会变得更加坚实，他才能尽量避免人生的跌宕起伏。

关于挫折，大名鼎鼎的李开复认为，挫折不仅是毁灭性的打击，也是人重生的机会。尽管遭遇挫折的时候我们发自内心地感到痛苦，但是，当我们最终超越挫折时，我们的心就会变得更加坚强，我们的人生也会变得丰盈厚重。而且，就像人的身体在打完疫苗后有免疫机制一样，经历过挫折的人也会具备对人生的免疫力，因而总是能够坦然面对人生的诸多情况，从而更有可能获得成功。所以我们说，没有经历过挫折而得到的成功总是不够坚实，唯有经过挫折的历练和捶打，成功才会更加可靠和长久。

1910年，松下幸之助进入大阪公司，成为一名默默无闻的学徒工。他小时候因为家境贫困，并没有接受过系统的教育，由此可以想象电器公司的工作对于他而言难度有多大。但是，松下努力克服一切困难，凭借着出色的工作表现，赢得了上司的认可和赏识。直到他觉得自己获得了成长，也积累了经验，能够独当一面的时候，他决定离开公司，独自创业。

松下创业时恰逢第一次世界大战，通货膨胀非常严重，因此松下手里不足一百日元的存款根本不足以创业，很多人都劝说松下不要冒险。但是，松下主意已定，他从未放弃成立公司的梦想，最终成功创办公司。然而，经济形势的确不好，他的产品根本没有销路，员工们也因为不看好公司的前景而相继离开公司，导致松下为此忧心忡忡。然而，发愁归发愁，松下毫不放弃希望，而是把这次危机当成是命运对自己的挑战，他决定坚定不移地迎战。然而，打击接踵而来，正当他带领公司度过危机时，1945年，日本宣布战败，松下的公司被定义为财阀，他为此无数次去找美军司令部交涉，受尽了屈辱和磨难。不得不说，松下的一生是跌宕起伏的一生，是饱经磨难的一生。他最终成为“经营之神”，就是因为他在逆境中从不放弃希望，所以他的挫折也为他的成功加分，使他的成功变得无比坚实。

和松下创业的困难相比，大多数人遭受的磨难都不值一提，当然，大多数人的表现也不值一提。也许有的朋友会说，因为我们遭遇的磨难小，所以我们没有出色的表现。其实不然。我们只有勇敢地面对人生，在人生中的磨难面前表现出自身的实力，才能更加勇敢地面对人生，发挥自己的潜力，成就人生。

朋友们，从现在开始，再也不要把挫折与磨难看成是人生的跰脚石，我们唯有正确对待挫折和磨难，并坚定勇敢地面对人生，才能成功提升和完善自己，获得属于自己的成功。要知道，挫折并不可怕，有了挫折的沉淀，我们的成功才不会轻飘飘的，才会更加厚重坚实，我们的人生才会更加精彩、辉煌。

真正的生活没有绝境

生活中的很多时候，有些朋友都以为自己走入了绝境，因而主动放弃。殊不知，生活中的绝境只存在于我们的心里，真正的生活是没有绝境的。哪怕我们没有柳暗花明又一村的好运气，也能够凭借自身的努力和决不放弃的精神，使生活出现转机。

在很多时候，我们都会祝福他人和自己“一帆风顺”“万事如意”“一路顺风”等等。然而，人生的旅途是那么漫长，没有人能够一眨眼就到达终点，更没有人能够轻而易举就获得自己梦寐以求的人生。大多数人，都要遭遇无数的坎坷和挫折，忍受命运的残忍折磨，才能到达人生的彼岸。我们之所以能够坚持成长、渐渐成熟，和这些磨砺也有着密不可分的关系。实际上，我们虽然很向往一切顺利，但是一切顺利并不是好事情。每个人从作为新生儿呱呱坠地开始，就要承受漫长的成长历程。正是在这种艰难的过程中，人们才渐渐长大，最终成就自我，并拥有自己独特的人生。

人生之中，磨难总是接踵而至，它们就像一级一级的阶梯，等着我们拾级而上。也许，只有等到我们的生命彻底结束时，磨难才能随之结束。然而，我们必须坚信，人生没有绝境，人生的磨难不会永远无休无止，人生的一切困难在我们的强大内心下都会被打败。唯有如此，我们才能意志坚定地面对磨难，让我们的的人生进入柳暗花明又一村的胜境。

从哈佛大学毕业之后没过多久，富兰克林·罗斯福就走入政坛，开始从事政治活动。起初，他的政治生涯开展得非常顺利，然而，他在1920年参加总统竞选时失败了。没想到，从此噩运接踵而至。1921年8月10日，罗斯福正在海滨别墅度假，突然发现有个小岛着火了，因而赶去救火。火势得以控制后，大汗淋漓的罗斯福跳入芬地湾游泳，很快就觉得双腿麻痹。经过医生的诊断，他被判定患了小儿麻痹症。这种病通常在幼儿身上发生，如今却发生在39岁的罗斯福身上，而且来势汹汹。这是比生死更残酷的考验，作为一个原本身强体壮的男人，他很难接受自己突然下身瘫痪的现实。

起初，罗斯福还对于自己的病情寄予希望，后来，随着病情不断恶化，他的上身也渐渐失去知觉。面对着精神和身体上的双重打击，罗斯福一度自暴自弃，觉得连上帝都不再眷顾他了。然而，痛定思痛，他决定振作起来。他努力控制自己的痛苦，不想因为自己低沉沮丧而影响妻儿的情绪。最终，罗斯福恢复了乐观，决定重回政治舞台。他付出了巨大的努力，坚持进行各项康复训练。他忍受疼痛，决不放弃。他从坐起来，到站起来，再到勉强行走，付出了常人难以想象的艰辛和努力。

1924年，罗斯福再次参加总统竞选。当他举着拐杖在儿子的帮助下走上演讲台时，在场的人无不为他欢呼。他的演讲大获成功，尽管他的身体无比劳累和疼痛，但是他的心长出了飞翔的翅膀。从此之后，罗斯福正式回归政坛，为美国和美国人民作出了杰出的贡献，也在世界历史上写下了自己的名字。

对于一个39岁的壮年男性而言，原本他有着不可估量的伟大前途，最终却因为一场突如其来的疾病，导致身体严重瘫痪。不得不说，这比死亡更让人难以接受，也挑战了罗斯福的极限。幸好，罗斯福在沉沦之后再次恢复乐观，决定要积极地面对噩运、战胜噩运。正是因为他如此坚定不移、顽强不屈，他最终才能赢得竞选，成为青史留名的美国总统。

朋友们，当你们感受到罗斯福的力量和伟大时，可曾感受到他曾经遭遇的坎坷挫折和内心深沉的痛苦？罗斯福没有倒下，而是凭着强者的精神和勇气再次站起来，超越了人生中这个最大的坎。虽然我们只是普通而又平凡的人，我们也未必会遭到罗斯福那样的厄运，但是我们也常常面对生活的不如意。当你再次感到绝望沮丧时，当你对自己的生活感到不满意时，不如从现在开始调整好自己的心态，无所畏惧地面对人生的风风雨雨吧！所谓宝剑锋从磨砺出，梅花香自苦寒来，我们只有迎风傲雪，才能成为真正的强者，才能在人生之中获得真正的成功。

笑到最后，从不向命运屈服

很多人都曾经有过看日出的经历，所以能够切身体会丝丝缕缕的光线穿破天幕，投射在大地上的情形。其实，经历过漫漫长夜的人都知道，最黑暗的时刻并非在漆黑的夜里，而是在黎明到来之前。正因为黎明马上就会到来，所以夜幕会显得更加深沉。因此，如今我们常常用黎明前的黑暗来形容人们在即将完成某件伟大的事情或者艰巨的任务之前不得不承担起的沉重压力，也以此提醒自己：坚持到最后才能取得胜利。

在抗日战争中，越是到了抗战即将胜利的时候，日本侵略者的反扑也越发歇斯底里、无所顾忌。所以，无数的抗战英雄为此付出了自己宝贵的生命，以捍卫革命的成果。如果没有他们的坚持和牺牲，当然不可能有我们今天的幸福生活。

实际上，黎明前的黑暗不仅表现在日出之前，也不仅只有革命斗争中才有，很多时候，在现实生活中，也是存在黎明前的黑暗的。生存的任务越是艰巨，我们越是容易失去内心的淡定平和，在这种情况下，我们更要坚持不懈，坚持笑到最后，迎来完满的结果。

黑暗是需要打破的。如果不打破黑暗，黑暗就会一直蔓延，笼罩我们的人生。所以，面对人生的失意和黑暗，我们必须更加努力。很多人面对无望的命运，总是采取被动的态度等待，或者是什么也不做，非常消极。殊不知，好运不会从天而降，我们的人生更不会平白无故就好转起来。任何时候，我们唯有更坚强、更加努力上进，才能最大限度圆满我们的人生，使得我们的人生更从容、更加充满希望。

面对人生的重重磨难，只有一时的勇气还远远不够，我们更要有韧性，哪怕面临人生接踵而至的打击，也始终不离不弃、坚持不懈。美国前总统林肯曾经参加过十几次竞选，但是每次都以失败而告终。除了其中有一次竞选成为州议员，和最后一次成功当选总统外，他被拒绝的次数使知道的人都感到心灰意冷。除了在竞选上屡遭失败之外，林肯在生活和感情方面也曾经遭遇过不幸。但是这一切都没有打败他，他始终坚持着。就算是在未婚妻去世之后患病在床，他最终也还是坚强地站立起来，从而把握了自己的命运。所以，朋友们，我们都要向林肯学习，成为那个笑到最后且从不放弃命运的人生强者。

第06章

努力才叫梦想，不努力只能叫空想

一个人若是没有梦想，跟咸鱼有什么区别；如果有了梦想不努力，那跟咸鱼还是没有什么区别。所谓梦想，只限于足够努力，不努力只能叫空想。心中有了梦，我们还需要付诸行动，不断努力，如此才能将梦想变为现实。

对未来的憧憬不能过头

关于未来，可能不少人都有很多幻想，人们豪气万丈、为自己编织着美好的未来，或希望自己成为某个行业的精英，或拥有自己的事业等。从小，我们便被一遍一遍地教导或提醒着理想对人生的作用和价值。树立理想是好事，它可以匡正我们的言行，让我们的努力都有一个明晰的主线，但无论如何，我们千万要记住，只有脚踏实地才是实现梦想的唯一途径，对理想的憧憬，我们千万别过了头。

如果你每天把大把的时间都花在了展望自己的未来上，而不制订实现梦想的计划，那么，你的梦想最终只会遥遥无期。

爱因斯坦也说："人的价值蕴藏在人的才能之中。在天才和勤奋两者之间，我毫不迟疑地选择勤奋，她几乎是世界上一切成就的催产婆。"梦想的实现是一个过程，是将勤奋和努力融入每天的生活中、工作和学习中，它没有捷径，它需要脚踏实地。

著名的心理学教授丹尼尔·吉尔伯特认为：当一个人憧憬未来时，在他看来，他似乎已经经历了那种美好，但实际上，这不过是一个想象的黑洞，是虚无的。的确，对于未来的过分憧憬，反而会抹杀自己对未来更为可靠的理性预测。

没有人可以脱离行动之外收获成功，真正的喜悦来自实践过的经历。哈佛大学的心理学家认为，当人们尝试着估计自己能从未来的经历中获得多大的乐趣时，他们已经错了。人生只有经历过，才能品味出真实的味道，也只有脚踏实地地看待生活，才会活出自己。

一直以来，人们都赞赏那些有伟大梦想、眼光长远的人，但很多人在憧憬未来时难免有几分浮躁之气。有时候，当事情还没做到一半时，他们就认为自己已经大功告成、开始飘飘然了。因此，我们需要记住的是，急功近利，只讲速度、不讲质量，看不起眼前的小事，认为如此做不出什么名堂来，那么，我们的梦想就失去了意义。

著名的夏普电视机产自日本的早川电机公司，这家公司的创使人早川德次是个命途多舛的人，就在他还在读小学二年级时，他的父亲就去世了，他不得不去一家首饰加工店去当童工。

早川是个坚强的人，在他很小的时候，他就告诉自己，即便自己没有长辈疼爱，也一定要努力生活、做出成绩。做童工的这段日子是艰辛的，不但要带孩子，还得做体力活。时间过得很快，一晃四年过去了，有一次，小早川终于鼓起勇气对老板说："老板，请您教我一些做首饰的手工好吗？"

老板一听，生气地对他说："小孩子，你能干什么呢？你喜欢学的话，自己去学好了！”

早川一想，是啊，为什么要靠别人，自己去学吧！于是，从那以后，他开始留心店里的技术活，尤其是当老板找他帮忙时，他都尽量多看、多想，就这样，他终于靠自己的努力学到了一些关于工作上的知识和技能。

功夫不负有心人，他成为了一个心灵手巧的人，他18岁时发明了裤带用的金属夹子，22岁时发明了自动笔。他有了发明后，老板便资助他开了一家小工厂。

他发明的自动笔很受大众喜爱，风行一时。世界没有给他任何东西，他却给世界很多。30岁时，他赚到1000万日元以后，就把目标转向收音机界，设立早川电机公司。

早川德次为什么能够成功？因为他能够从零学起，能把梦想归于实践。生活中的人们，也许现在的你也有很多梦想，你可能希望自己能成为著名企业家、人民教师或歌唱家等，但无论如何，你要知道，理想不同于妄想和幻想，目标要切实可行，行动要脚踏实地。这样，你才会离你的梦想越来越近。

因此，不管你的梦想多么高远，先做触手可及的小事。梦想是一个大目标，你需要做的是完成每天的小目标，这样，你就朝向着大目标进了一步，每进一步，你就会增加一份快乐、热忱与自信，你就会消除一份恐惧，你就会更踏实，就会从积极地思考进展成为积极地领悟，如此，就没有一件事情可以阻挡得了你。

的确，知识、能力和经验的积累，都像建造房子，从砖到墙、从墙到梁，是一个循序渐进的过程，任何能力和知识的得来都不是一蹴而就的，也不是下了决心就能获得的，这是一个长期的过程。实际上，无论做什么，水滴就能石穿，每天进步一点点，并不是很大的目标，也并不难实现。昨天，你通过努力学习获得了可喜的成绩，而今天你的必须学会超越，超越昨天的你，如此你才能更加进步、更加充实。人生的每一天都应该充满新鲜的东西。

我们关于梦想的勾勒应该是这样的：我目前拥有什么，我从哪里做起才能让自己的生活发生一些正面的变化。

在生活中，可能你也看到不少人一夜成名，但如果你能细究一下，你会发现，他们过去的成功绝不是偶然的，正如有人说的："没有人能随随便便成功。"他们为了实现梦想，早已投入无数心血、打好坚固的基础了。相反，也有一些人，他们雄心壮志、誓要成就一番事业，却终其一生碌碌无为、两手空空。差异产生的原因就在于是否行动，从身边的小事开始做起、注重实践，就会出现意想不到的机遇。

因此，我们需要明白的是，梦想的实现，需要你一步一个脚印地积累。因为进步是一点一滴不断地努力得来的。我们需要从现在起，树立最适合自己的、切合实际的梦想，这样才能达到激发潜能、推动人生的目的。

无论你做什么，都要竭尽全力

伊格诺蒂乌斯·劳拉有一句名言："一次做好一件事情的人比同时涉猎多个领域的人要好得多。"托马斯·爱迪生曾说过："成功中天分所占的比例不过只有1%，剩下的99%都是勤奋和汗水。"的确，在很多领域内都付出努力，我们的精力难免会分散，而我们也难以进步，最终什么都做不成。我们只有沉淀自己，一心一意去做某件事，做到不腻烦、不焦躁，埋头苦干并做到坚持下去，才能有所收获。

事实上，专注力是人自控力的重要方面，需要我们将之运用到日常行为习惯的培养中，做到坚持不懈，如此，我们才能塑造出优秀的人格，历练出强有力的自制力。

莫泊桑是19世纪法国著名作家。他从小酷爱写作，孜孜不倦地写下了许多作品，但这些作品都是平平常常的，没有什么特色。莫泊桑焦急万分，于是，他去拜法国文学大师福楼拜为师。

一天，莫泊桑带着自己写的文章，去请福楼拜指导。他坦白地说："老师，我已经读了很多书，为什么写出来的文章还是不生动呢？"

"这个问题很简单，是你的功夫还不到家。"福楼拜直截了当地说。

"那——怎样才能使功夫到家呢？"莫泊桑急切地问。

“这就要肯吃苦、勤练习。你家门前不是天天都有马车经过吗？你就站在门口，把每天看到的情况，都详详细细地记录下来，而且要长期记下去。”

第二天，莫泊桑真的站在家门口，看了一天大街上来来往往的马车，却一无所获。接着，他又连续看了两天，还是没有发现什么。万般无奈，莫泊桑只得再次来到老师家。他一进门就说：“我按照您的教导，看了几天马车，没看出什么特殊的东西，那么单调，没有什么好写的。”

“不，不不！怎么能说没什么东西好写呢？那富丽堂皇的马车，跟装饰简陋的马车是一样的走法吗？烈日炎炎下的马车是怎样走的？狂风暴雨中的马车是怎样走的？马车上坡时，马怎样用力？车下坡时，赶车人怎样吆喝？他的表情是什么样的？这些你都能写得清楚吗？你看，怎么会没有什么好写呢？”福楼拜滔滔不绝地说着，一个接一个的问题，都在莫泊桑的脑海中打下了深深的烙印。

从此，莫泊桑天天在大门口，全神贯注地观察过往的马车，从中获得了丰富的材料，并写了一些作品。于是，他再一次去请福楼拜指导。

福楼拜认真地看了几篇，脸上露出了微笑，说：“这些作品，表明你有了进步。但青年人贵在坚持，才气就是坚持写作的结果。”福楼拜继续说：“对你所要写的东西，光仔细观察还不够，还要能发现别人没有发现和没有写过的特点。如你要描写一堆篝火或一株绿树，就要努力去发现它们和其他的篝火、其他的树木不同的地方。”莫泊桑专心地听着，老师的话给了他很大的启发。福楼拜喝了一口咖啡，又接着说：“你发现了这些特点，就要善于把它们写下来。今后，当你走进一个工厂的时候，就描写这个厂的守门人，用画家的那种手法把守门人的身材、姿态、面貌、衣着及全部精神、本质都表现出来，让我看了以后，不至于把他同农民、马车夫或其他任何守门人混同起来。”

莫泊桑把老师的话牢牢记在心头，更加勤奋努力。他仔细观察，用心揣摩，积累了许多素材，终于写出了不少有世界影响力的名著。

和莫泊桑一样，很多成功者之所以成功，就是因为他们做事专注，经过了沮丧和危险的磨炼，最终实现人生理想。福韦尔·柏克斯顿认为，成功来自一般的工作方法和特别的勤奋用功，他坚信《圣经》的训诫：“无论你做什么，你都要竭尽全力！”他把自己一生的成就归功于对“在一定时期不遗余力地做一件事”这一信条的实践。

相反，那些对于当下的目标总是摇摆不定的人，一旦工作中遇到什么问题就选择逃避，对于琐碎的工作也总是借口推脱，这样的人注定是无法成功的。而假如我们把手头的工作当成不可回避的事情来看待，我们在做的时候就会愉悦多了，而且效率会提高很多。

与其他任何习惯一样，专注一旦成为我们的行为习惯，我们便会从中获益良多，即便是那些智力和能力一般的人，只要在某段时间内全身心地投入到某项工作中，他们也会取得巨大的成就。那么，具体来说，我们该如何提升自己的专注力呢？

1.一次只做一件事

如果你决定了做一件事，那么，你就要做到专注，然后，你需要问自己：“在这些要做的事情中间，哪件事最重要？”选出那件最棘手的事，然后保证自己在接下来一段时间内只专注于它。

2.排除干扰

在你准备做一件时，请收拾好你的书桌，关闭手机，关闭电脑的浏览器等，隔绝那些容易使你分心的事，你的学习和工作效率会提高很多。

3.明确做事动机

明确你办事的动机有助于增强你的专注力，并且能让你完成任务。你要知道你为什么要去专注于某事，而且要清楚如果你不专注于此事会有什么样的后果。

此外，你可以想象一下，假如你朝着一个方向前进的话，你的生活将会是什么样子的；想象一下你理想中的生活，让它清晰可见并让它时刻浮现在你脑海中。

4.深呼吸

当你开始新的一天时，问自己一个问题，“我在呼吸吗?”

然后做几次深呼吸。问你自己，“我现在感觉放松吗?”如果你的回答是“不太放松”，那么暂且什么也不要做，先做几次深呼吸。

5.享受当下

当下是我们所拥有的一切，生活只存在于当下。珍视它，祝福它，感激它，体验它。

在对有价值目标的追求中，专注是一切真正伟大品格的基础。它会让我们有能力克服艰难险阻，完成单调乏味的工作，忍受其中琐碎而又枯燥的细节，从而使我们顺利通过人生的每一驿站。

总之，人生路上，我们不要有太多的空想，而要专注于眼前的工作。在生活中的多数情况下，对枯燥乏味工作的忍受和含辛茹苦，应被视为最有益于人身心健康的原则，为人们所乐意接受。

天分不够，勤奋和努力来凑

不可否认，有些人在某些特定的领域的确是有天分的，但是他们的成功恰如爱迪生所说，是百分之九十九的努力，再加上百分之一的天赋。由此可见，不管你多么有天赋，如果不够努力，最终只会让天赋埋没，难以使其散发出独特的光彩。

在这个世界上，没有人能够仅凭天分取得成功。天分与天才之间，还隔着漫长的路，那就是勤奋和努力铺就的路。如果你站在天分的这端，却从未有过勤奋，那么你只能与天才遥遥相望，而永远得不到这顶桂冠。

看着他人顶着成功的光环，拥有无数骄人的成就，你也许会抱怨自己的父母，没有把自己生得很有天分。其实，天分是可以用后天的勤奋弥补的。你最该做的就是，感谢父母给了你勤奋努力和上进的心，而不仅仅给了你天分。当天分遇到勤奋，一定会产生神奇的化学反应。当你意识到自己应该笨鸟先飞，你的人生一定会长出翅膀。

作为中国历史上颇具影响力的伟大人物之一，曾国藩从小就缺乏天赋。有一次，曾国藩把一篇文章读了很多遍，却依然磕磕巴巴地背不流利。当其他小朋友出去玩时，他只能留在家里读书；当家人已经酣然入睡时，他也不得不努力大睁着眼睛继续读书。就这样，他为这篇文章付出了比他人多很多倍的努力，但是依然茫无头绪。

一天晚上，有个贼偷偷潜伏到曾国藩的家里，想趁着他们全家酣睡的时候偷点儿油水。然而，贼左等右等，曾国藩总是反反复复地读同一篇文章，丝毫没有准备睡觉的意思。贼等了很久很久，等到太阳都快出来了，曾国藩依然不知疲倦地反复诵读。这时，贼实在耐心耗尽，因而猛地从屋檐下跳出来，怒斥道："就你这水平，还想读书！"说完，贼非常流利地把那篇文章背诵了一遍，然后扬长而去。从这里不难看出，贼是很聪明的，居然在曾国藩彻夜苦读都没有背下文章的情况下，先人一步地将文章背诵下来。但是贼的聪明是小聪明，而且用错了地方，所以，直到曾国藩成为人人敬仰和钦佩的人，贼也依然是贼。

从这个故事不难看出，勤能补拙。对于那些思维不够敏捷的朋友而言，也许凡事未必都要追求一个快字。只要能够耐下心来，全心全意地诵读和学习，迟早能够提升自己，使自己有所成就。

很多人都曾听说过“天道酬勤”，这个词语的意思显而易见。大凡孜孜以求、不倦努力的人，也许暂时不会有太大的收获，但是只要坚持不懈地付出，肯定能为自己的人生打开与众不同的天地。与此恰恰相反，有很多人觉得聪明是自己最大的资本，因而他们总是忍不住要耍小聪明，似乎自己稍微努力一些就能超越寻常人。遗憾的是，聪明固然重要，却远远不如勤奋对于人生影响更大。从古至今，一分耕耘，一分收获，没有任何人的成功是不劳而获、一蹴而就的。

从现在开始，不管你是天赋异禀，还是资质平平，只要你渴望成功，渴望为自己的人生开天辟地，就应该笨鸟先飞。对于很多马上不能掌握的东西，我们唯有先于别人学习，再比别人付出更多的时间反复练习，才能够取长补短，最终成就自己。

别着急，一步一步慢慢来

每个人的人生都不可能获得一蹴而就的成功，因为成功都是点点滴滴积聚而来的。同样的道理，一个人也绝不会一下子就被苦难打倒，只要我们在人生之中坚持不懈地面对苦难、超越自我，我们最终就能够战胜苦难、拥抱成功。常言道，人生之不如意十之八九，每个人的人生都会面临各种各样的不如意，尤其是在追求成功的路上，我们更是会因为各种坎坷和挫折，而停滞不前。这些阻碍有时候来自外界，有时候完全是由我们的内部原因导致的，诸如缺乏自信，诸如紧张恐惧等。那么，如何才能充满信心地面对人生呢？其实，只要我们一步一步慢慢来，培养自己的自信，总有一天我们会变得自信满满。

对于自卑的人生状态，很多朋友都觉得心急如焚，毕竟自信是成功的基石，没有自信又谈何成功呢？的确如此。然而，自信绝非天生的。最好的办法就是一步一步实现人生的小目标，在此过程中逐步培养自己的自信。这样一来，就算自信十分缺失，也能逐步建立。也许有人说，梦想一定要远大，志向一定要高远。殊不知，过于远大的目标常常使我们看不到希望，并给予我们巨大的压力，导致我们无法成功地获得自信。若我们接连因为无法实现远大目标受到打击，就更谈不到顺利建立自信了！因而聪明人很善于分解目标，他们知道人生既需要远大目标作为指引，也需要分解的小目标作为人生之中的一个个小小台阶，帮助自己持续不断地获得进步。

1984年，国际马拉松邀请赛在日本东京举行。在这场赛事中，原本默默无闻的日本选手山田本一居然夺得了世界冠军。对此，很多人都感到非常意外。记者们蜂拥而至，争先恐后地采访山田本一，问他为何能够取得如此优异的成绩。对此，山田本一淡然回答："凭借智慧。"当时，很多记者都觉得一头雾水，毕竟马拉松比赛是长跑比赛，与体能和耐力关系密切，他们无论如何也想不明白马拉松比赛如何凭借智慧取胜。因此，记者们都觉得山田本一是在故弄玄虚，因而有很多人在报纸上挖苦山田本一。

两年之后，国际马拉松邀请赛在位于意大利北部的米兰举行。这次，山田本一作为日本的参赛代表，居然再次夺得世界冠军，为日本争光。从之前在主场赢得比赛，到这次在客场赢得比赛，山田本一两度使世人倍感意外。这一次，记者又来采访山田本一，询问他是如何赢得比赛的。山田本一沉默寡言，不善言辞，依然回答："凭借智慧。"这次，记者们没有公开挖苦山田本一，而是对他的回答更加疑惑。直到十年之后，山田本一发表自传，才解开了这个谜团。他在自传里说："每次参加马拉松比赛，我都提前到达比赛场地，乘车沿路认真观察比赛的线路，并且亲自拿着纸笔记录沿途相对醒目扎眼的标志。诸如，我画出来的第一个标志是银行，第二个标志是一棵又高又大的树，第三个标志是一座红色的住宅……就这样，我把标记记录到赛道的终点。等到发令枪响，比赛正式开始，我就以百米冲刺的速度奔向第一个目标，在到达第一个目标之后，我再次以百米冲刺的速度奔向第二个目标……以此类推，我就这样以百米冲刺的速度跑完了四十多公里，而且跑得很轻松。当然，我刚开始参加比赛时并没有掌握这个技巧，而是把终点定在四十多公里之外，最终我根本无法坚持跑完全程，在跑到三分之一的路程时，就觉得筋疲力尽了，而且因为终点遥远，感到心力交瘁，沮丧绝望。”

从山田本一的自传中我们不难发现，他的确是凭借智慧取胜的。在大多数人都盯着那个四十多公里之外的遥远目的地时，他用若干个小目标分解了遥远的赛道，从而一步一步地接近自己的最终目的地。每当他达到一个小目标时，他的心中自然感到有信心，也燃起希望。相反，假如一直在努力奔跑，目标却遥遥无期，一定会使人感到绝望。最终，心理学家们证实了山田本一的方法完全是符合心理学规律的。人们在确立目标之后，如果能够通过努力实现目标，并且把自己的行动结果与目标进行清晰地对比，就会渐渐树立自信，并对终极目标满怀信心。

朋友们，人生何尝不是一场马拉松比赛呢？目标是那么遥远，而且途中需要经过漫长的努力。所以，当你们把目标定得过于远大时，不如向山田本一学习，把目标分解，为自己制订很多个小目标。这样，你们就可以按照这些目标的指引，一步步接近和实现终极目标。归根结底，我们是需要激励的，在实现小目标的过程中，我们的能力得到验证，我们的努力有了结果，我们便更加富有自信。

精益求精，变平凡为不平凡

在大多数人看来，成功只青睐那些聪明的人。事实上，人和人就资质而言，其实是差不多的，真正决定一个人是否能有所成就的，是他后天的努力程度。人生的时间、精力有限，要让有限的时间精力造就人生最大的成功，就必须要专心致志，要拣对成功价值最大的事情去做。选择自己的目标，踏踏实实地去做，不要被别人的成功晃花眼睛，而争一时之短、计一时之荣辱，更不要被眼前的蝇头小利所迷惑。最重要的是确定自己的目标，其次是坚持不懈。

同样，生活中的人们，如果你想获得成功，就应该有全力以赴的精神，就应该盯住一个目标不放弃，坚持下去。

拿破仑在执政时期的亲密同伴勒德累尔这样回忆他："他的一个显著特征是持久的注意力。他能一口气工作18个小时，也许是做一件工作，也许是几件工作轮流做。我从未见过他不顾手头正在做的事情，将注意力转移到即将做的另一件事上。没有任何一个人能像他那样全身心投入工作之中，也没有任何一个人能更好地分配时间去做他要做的一切。”

的确，集中精力才能跑得更快，只有专注于自己的目标，精益求精，才能在平凡的岗位干出别人干不出的业绩来。海尔集团总裁张瑞敏说，如果让一个日本员工每天擦6遍桌子，他一定会一丝不苟地每天擦6遍；而我们中国员工第一天会擦6遍，第二天也会擦6遍，可是第三天就会擦5遍，第四天可能只4遍，这就是为什么我们的企业引进了许多一流的设备，而产品质量却达不到原装水平。无论做什么事，都要做到永远专注于自己的工作，坚持做到精益求精，只有做到这种程度的人，才能赢得更多的掌声，才能超越自己已有的成绩，让自己的表现永远超越喝彩。

要做到更好，并不一定需要更高明的设计、更尖端的科学。它所需要的，是为了目标心无旁骛，投入所有的时间，发挥所有的才干。世界上有许多很有天赋的人最终没有获得什么成就，反而是那些资质平平的人却成就了大事，这是为什么呢？答案很简单，一个资质平平却专心致志的人能打败无数个富有天赋却不肯花心思做好一件事的人。今天这样，明天又那样，这样的人虽然目标很多，但是最终没有一个可以达成。其实，专注是一种难能可贵的品质、一种积极的人生态度。事业因专注而成功，人生因专注而美丽。

著名数学家高斯从小就勤奋好学，很早就显示出超人的数学才能。有一次，父亲正在计算账目，小高斯安静地站在旁边看，当他父亲自以为算得很对的时候，小高斯却认真地说："爸爸，您算错了，应该是……"父亲检验了一遍，发现高斯的答案是正确的。

高斯7岁那年，父亲送他到附近的学校读书，在学校里，高斯是班里最小的学生，但因其数学成绩最好，所以经常受到老师的表扬。高斯十分刻苦，他明白，要想更好地学好数学，自己必须付出更多的努力和汗水。白天在学校里，除了上课时专心听讲以外，他还尽可能地利用课余时间钻研数学，阅读了许多数学的著作。晚上，他将一个大萝卜挖去了心，塞进一块油脂，插上一根灯芯，就做成了一盏小油灯。他一个人躲在顶楼上，在微弱的灯光下，专心致志地看书学习，直到深夜才睡。在上学期间，高斯还写了许多"数学日记"，记录了他在解题时的新发现和巧妙的解法。后来，高斯18岁那年，他成功地解决了自古希腊数学家欧几里德以来两千多年一直悬而未决的数学难题，轰动了整个数学界。

有人曾问高斯："你为什么在科学上能有那么多的发现？"高斯回答说："假如别人和我一样专心和持久地思考数学真理，他也会有同样的发现。"

高斯成功的秘诀就是"专心致志，持之以恒"，他研究数学，总是坚持到底，他最反对的就是做事半途而废。当他在对一些重要的定理进行证明的时候，总是尝试多种解决、证明的方法，并从中发现最简单和最有力的证明。当然，高斯如此持之以恒地钻研数学，也为科学事业的发展作出了卓越的贡献。

成大事者一旦立定人生目标，就开始点滴积累成功资源，一步一步向目标迈进，滴水足以穿石。一生干好一件事，这个标准乍看似乎不高，但细想想，要真正干好一件有意义有价值的事，也不是那么简单。达尔文忙活了一辈子，也就是创立了“进化论”；麦哲伦终生的杰作，则无非是证实了“地球是圆的”。一次只做一件事，全身心地投入并积极地希望它成功，不要让你的思维转到别的事情、别的需要或别的想法上去。你应该为了已经决定去做的那件事，放弃其他所有的事。

生活中的人们，一切从现在开始还来得及，每天努力一点，即使只是一个小动作，只要持之以恒，便会成为明日成功的基础。成功不在于做许多事情，而在于专注。把你的全部精力集中到工作中去，这就是顺利完成一件事的最大秘诀。无论做任何事，都不要祈求太多。只要付出全部的精力，以一往无前、专心致志的精神去努力追求真正的价值，你就会有所收获。

第07章

你不用选择过大多数人想要的生活

有些人之所以感到痛苦，是因为他们追求不属于自己的生活。普世的价值观大概就是有房有车有娇妻有聪明孩子，这看上去是大多数人想要的生活，也成为了许多人的终极目标。然而，这样的生活真的适合你吗?

问心无愧，坚持自己的选择

随着信息大爆炸时代的到来，我们越来越容易受到别人的干扰。古代社会，如果有人想散布谣言，必须依靠人与人的口耳相传。现代社会，如果有人想散布谣言，只需要花上三两分钟，在网上发布一下，只要信息够爆料，顷刻间就会有成千上万的网友帮忙转发，也许要不了一天的时间，全中国都知道了。认真想想，这是一件多么可怕的事情。所以，曾经被网络伤害过的人，一定会把无所不能的网络当成洪水猛兽，觉得网络是无法抵御的强大力量。在有可能被网络爆料的同时，我们也在不停地从网络之中获取他人的信息。这些信息，对于我们有着强大的心里暗示力量，或者教会我们正向积极，或者导致我们更加消极沮丧。此时，再加上身边的亲戚朋友、同事同学，甚至是不相干的陌生人有意无意说的话，我们的行为就很有可能受到影响，继而发生改变。

最终，我们得出一个结论，在现代社会生活，我们更要学会排除外界干扰，倾听自己的内心。别人爱说什么说去吧，只要我觉得是正确的，我就坚定不移地去做，毕竟我只能控制自己，而嘴巴长在别人身上，我管不了别人。对于真正的亲人和朋友，说得对的我会认真考虑，说得错的我会反唇相讥。对于不相干的人，管他们说什么呢？谁也不知道他们是何居心。要想让自己不被别人当棋子，我们唯一能做的就是坚定不移地相信自己。

别人的话为什么不能尽信呢？因为尽信不如不信。很多时候，即使别人再怎么设身处地地为我们着想，他们也不是我们，也不可能变成我们，所以，他们不会真正知道我们做事情的初衷，不会真正知道我们的难处和苦衷，也就没有资格对我们的所作所为指手画脚。当你遭到误解的时候，当你不被理解的时候，不如鼓励自己继续坦然地往前走，只要问心无愧，只要自己觉得所选择的方案是最佳最优方案。

很久以前，有一位画家脑中灵光一闪，决定倾尽全力去画一幅画——一幅非常完美、让任何人都挑不出毛病的画。画家非常用心，耗时很久才完成这幅画。看着这幅画，画家就像看自己辛苦抚育长大的孩子一样，看哪里都觉得好。第二天，他信心满满地把画拿到集市上，支起画架摆放好，并且附上告示：朋友们，这是我自认为生平最满意的作品，欢迎大家批评指正。如果您觉得哪里不好，可以直接用旁边备好的笔替我做上标记。做完这一切，画家就非常放心地回家了，他相信，即使等到明天，也不会有人找出这幅画的缺点。

傍晚时分，集市马上就要散了。画家慢悠悠地来到集市，却大吃一惊。原来，他的画上涂满了记号，几乎所有的笔画、线条和色彩都饱受指责。画家失望极了。他思来想去，结果发现也许是自己的思路有问题。因此，他再次画了一幅画，和上一幅几乎没有区别。这一次，他把画在集市上摆放好之后，在告示上这么写道：朋友们，这是我非常用心画的一幅画，是我生平得意之作。如果您也喜欢这幅画，请将你喜欢的地方标注出来。等到傍晚再次来临时，画家又吃了一惊。原本，他以为同样的画不会博得很多的赞赏，此时却发现，画上的每一笔，几乎都被标注出赞赏的印记。

经过这两次实验，画家彻底明白了，他感慨地说："现在，我终于明白了。不管我的画画得好不好，总会有人喜欢它，也有人讨厌它。同样的一笔，有十个赞美它的人，也会有差不多数量的人在诋毁它。所以，不管我多么努力，多么曲意逢迎，仍会有人不喜欢。所以，我能做的只有做好我自己，至于别人是喜欢还是厌恶我，就不是我能左右的了。"

几乎完全相同的两幅画，出自同一个人之手，在相同的集市上，却遭受了完全不同的命运。画家很聪明，他最终明白，不管自己怎么改变，都不可能博得所有人的喜爱。所以，他选择保持自己的风格，让他人去决定喜欢还是不喜欢。可以想见，如果这个画家在被无数人提意见之后马上就盲目地根据别人的建议去改正，那么，他永远也无法形成自己的画风，更不会得到所有人的喜爱，只会变成毫无主见、毫无风格的庸俗之辈。

没有人能让所有人满意，我们必须牢牢记住这一点。不管做什么事情，都是众口难调，在我们满足一部分人或者博得一部分赞赏的同时，必然也会有一些不喜欢我们的人存在，他们或者诋毁我们，或者对我们冷眼旁观。没关系，既然我们不能像个陀螺一样每时每刻地去旋转着改变自己，那么我们不妨淡定一些，做好最本真的自己即可。

用与众不同的思维模式成就自己

要想脑洞大开，拥有创新思维，发挥自己的创意，我们就不要一味地跟在别人的后面跑；要想胜人一筹，就要独辟蹊径、开拓创新的精神。与众不同的思维模式可以成就自己、吸引别人。在如今这个新事物层出不穷的变革时代，创新已经变得极其重要。这不仅是生存的需要，更是发展和成功的需要。创新失败已经不是耻辱，不创新才是耻辱。今天，一个人要想立足社会，有无创新意识和创新能力将成为一个人成败的关键。

创新创造价值的观念早已扎根于那些成功者的大脑中，在不断开发自己的大脑、实现创新的过程中，他们的个人资本逐渐增加，为以后成就大事打下了坚实的基础。而更有一部分人，他们的一生都在为自己的理想和金钱的富足而拼搏，只因偶尔的灵机一动，灵感的火花就使得他们创造了无穷的价值、实现了个人的飞跃。

1973年，年仅15岁的格林伍德收到别人送给他的圣诞节礼物——一双冰鞋。他非常高兴，因为他一直渴望有滑冰的机会。

拿到这件礼物后，格林伍德马上就跑出屋子，到离家很近的结了冰的小河上去溜冰。可能是他初次出来，他感觉到天气太冷了，一溜冰，耳朵被风吹得像刀子割了似的。他戴上了“两片瓦”式的皮帽子，把头和腮帮捂得严严实实的，一玩起来又热得满头是汗。

格林伍德想，为什么大家设计的为耳朵保暖的东西都是帽子呢？这样不利于运动。既然耳朵容易感觉冷，那就应该做一件能专门捂住两边耳朵的东西。

回到家后，他细心研究，在纸上勾画着。他终于琢磨出一个大概的样子，然后请妈妈照他的意思做。他妈妈摆弄了好半天，缝出了一双棉的耳罩。格林伍德戴上它去溜冰，果然挺管用。一些朋友见到了，也向格林伍德要。格林伍德和妈妈商量后，去把祖母也叫来，一起做耳罩。经过几次修改，耳罩做得更适合，也更好看了。小格林伍德把它取名为“绿林好汉式耳套”，并且向美国专利局申请了专利。“绿林好汉式耳套”的专利号是188292。

一双耳套能值多少钱？申请专利又有什么用？

答案是：小格林伍德后来成了世界耳套生产厂家的总首领，因为这项专利，他成为百万富翁。

就是这样的一个想法，一个与众不同的思维方式，使得小格林伍德尝到了创新的甘甜。他在金钱方面的积累在短时间内迅速飙升，命运也因为这样一个独特的创新性思维带来的收获而改变。仔细分析，格林伍德的成功有两个关键之处，一是别人戴帽子或不戴帽子已形成了习惯，不再去想怎样保护耳朵，而他却专门做了个耳套；二是做了耳套后，他为之命名并且申请专利。换句话说，他懂得开发自己的创新思维，从小处着眼，向大处推广，把自己的创新意识扎根于细微之处。

从上面的故事，我们不难看出，创新思维直接表现在人们日常生活中所说的创意上，创意的起源常常是有心人的灵机一动，不需要经过严谨的学术训练和精密的理论论证。任何一个人都可以与创意亲密接触，只要勤于观察，善于思考，大胆创新，就有可能出奇制胜，获得可观的效益。

减肥是令许多人望而却步的难事，是许多胖子的大难题。市场上的减肥中心、减肥药物等繁多，竞争已到白热化，大家的利润也因此降到很低。这也使得减肥者感到茫然，不知道该选择哪一家好。但有一家减肥中心因为一个创新的减肥绝招，使得自己门庭若市。

一天，一位胖男人慕名而来，他已有过多次失败的经历了。他抱着最后一试的态度问教练，他该怎么办。

教练记下了他的地址，然后告诉他：回家等候通知，明天会有人告诉你怎么做。

第二天一早，门铃响了，一位漂亮性感的青春女郎站在门口，对胖子说：教练吩咐，你要能追上我，我就是你的。胖子大喜，从此每天早上都在女郎后边狂追。如此数月下来，胖子已逐渐身手矫健起来，他早就忘了这是减肥，一心想着要把那姑娘追到手。

直到有一天，胖子心想：今天我一定能追到她了。他早早起来在门口等着，那位姑娘没来，来的是一位同他以前一样胖的女士。

胖女士对他说："教练吩咐，我要能追到你，你就是我的。"

诚然，这个故事包含着一定的喜剧色彩，但我们在一笑而过之后，也不免为这位教练的机智和创新性思维感到眼前一亮。正是这种新鲜、与众不同的方法与感觉，使得这家减肥中心的生意日渐火爆，也使得人们对创新的效果理解更深。

大富豪洛克菲勒有句名言："如果你想成功，你应辟出新路，而不要沿着过去成功的老路走……即使你们把我身上的衣服剥得精光，一个子儿也不剩，然后把我扔在撒哈拉沙漠的中心地带，但只要有两个条件——给我一点时间，并且让一支商队从我身边经过，那要不了多久，我就会成为一个新的亿万富翁。"敢于说出这样的话的人，肯定充满了豪情壮志，让人不禁动容，这种坚定的信念和敢于创新的精神无疑是做事成功的一个根本素质。

拥有创新思维，在平时的生活中多留心观察，同时开动自己的大脑，抓住自己一时的灵感，拥有创意，并敢于行动的人，多半会成为成功者。创新性思维每个人都能够具有，而创意就发生在我们的身边，它可以不是一个具体的产品，可以只是一种思路。

别太过分注重他人的目光

卡耐基说：“你见过一匹马闷闷不乐吗？见过一只鸟儿忧郁不堪吗？之所以马和鸟儿不会郁闷，是因为它们没那么在乎别的马、别的鸟儿的看法。”在生活中，许多人因为太在意别人的目光而失去了自我，这简直是得不偿失。当然，我们作为社会人，生活在各种各样的关系中，完全不在意别人的目光是不可能的。事实上，我们对自己的评价，很多时候需要借助别人对我们的看法才能作出。

因此，对于别人的目光，我们需要考虑，但不必过分地注重，否则，你就会感觉自己活得很累。在很多时候，我们会特别羡慕那种拥有“好人缘”的人，似乎每个人都能与他聊到一块去，他说的每一句话、所做的每一件事，都是以大家的目光为标准。在公司，上司说这个方案不行，他一句话不说，马上改成了上司喜欢的方案；挑剔的同事说，你今天的打扮好像不太和谐，第二天，他就真的换了一套符合同事眼光的服饰；在家里，爸妈说，你新交的男朋友没有固定的工作，她就真的决定与男友分手，重新找了一个能让父母觉得满意的男朋友。他们不过是因为太在意别人的目光而刻意讨好身边的人而已，在这个过程中，他们已经逐渐失去了自我。

小燕是一名歌手，以前，她也有过抱怨的时候，每次上节目，她都会抱怨："自己太辛苦，实在受不了压力太大的生活，有时候，太在意别人的目光，我需要讨好歌迷、媒体，我一年发行两张专辑，但是，自己又想把工作做得更好，这样的工作量简直令我崩溃。"以前的工作时间安排得很紧，如果白天上通告做宣传，晚上，还要去录音棚完成下一张专辑的录制，这样的生活超出了小燕可以承受的范围，每天，她都感觉到很累，但是，心中的怨气又无处诉说。最后，在内心快要崩溃的时候，她选择了退出歌坛。

在四年的休息时间里，小燕做自己喜欢的事情，她说："以前大家都是看我怎么变化，而我因为这样会很在意大家是怎么看我的。现在我是用自己的脚步来看大家的改变。虽然，现在，我年纪大了，似乎变得老了一些，但是，年龄并不是我能掩盖的东西，我也想永远年轻，但是，也懂得这就是时间给我的礼物。在我成长的过程中，我得到的最大一份礼物是不用费劲去证明大家是怎么看我的，而是只需要做自己喜欢的东西，跟着自己的步伐。在以后的时间里，如果我能完全坚持自己的选择，那就是最好的生活。”岁月流逝，小燕的年龄渐渐大了，但是，正是这样一个年龄，是一个不需要讨好任何人的时候。

最近，小燕复出了。在工作上，她已经与唱片公司达成了一致的意见，不需要拿任何事情炒作新闻，同时，不需要为了赢得名气而谎报唱片的销量。可以自由自在地唱歌，这恰恰是小燕最喜欢的一种状态。

小燕告诉所有的媒体：“我不需要讨好所有的人，我不需要在意别人的目光，我只需要做自己喜欢的事情。”就是这样一句话，令所有的媒体工作者既羡慕又嫉妒，因为，对于媒体工作者而言，他们的工作无时无刻不是在关注别人的目光、不是在讨好所有的人，乃至将自己的委屈和自尊放弃。每天，都有许多人为了人际交往、为了别人的看法而活，他们在这样的过程中感到很累，甚至感觉到心力透支。

在生活中，不管是一个什么样的人，不管这个人做不做事，是少做事还是多做事，做的是什么事，他都会招来别人的看法和评价。而对于那些目光和议论，有的人会把它作为自己行动的标准，他们很在意别人是怎么看待自己的。结果所导致的情况是，他们在做事情时畏首畏尾，把自己搞得很紧张，好像自己是在为别人而活。其实，根本没有必要这样，因为我们既不是演员，又不是在表演，我们的目的就是做好自己的事情，又何必那么在意别人的目光呢？

你总是在想别人是怎么看待自己的，你总是通过别人的目光来修正自己，到最后，你会完全失去自我，变成一个别人目光中的你，更为严重的是，你将变得闷闷不乐、忧虑不堪，完全失去心灵应有的轻松与快乐。

思想有多远，就能走多远

人生路上，思想的高度，往往决定了我们人生的高度，也决定了我们人生之路究竟能前行到何处。一个人假如从思想上就自暴自弃，那么无论他能力多么强、水平多么高，他最终也会因为缺乏人生的指引，而使人生碌碌无为、默默无闻。相反，一个人哪怕出身卑贱，注定一生之中默默无闻，只要他心怀梦想，也必然能够与命运对抗，甚至彻底扭转命运。

思想是如此神奇，甚至能够主宰我们的命运，那么，到底何为思想呢？所谓思想，就是输入大脑的诸多信息在经过大脑加工之后，形成了能够指导人类行为的各种意识。思想既是某种观念，也是一种意识，既是理性的，也是感性的。有人把思想比喻成一把双刃剑，这是因为不同的思想对于我们的人生将会起到不同的影响。有些人的思想积极上进，人生也变得非常奋进。相反，有些人的思想悲观消极，导致人生也停滞不前。所以说，人生会因为不同的思想发生相应的转变，我们应该不停地纠正自己的思想，如此才能更好地发展人生、成就人生。

记得曾经有位名人说，思想有多远，就能走多远。这句话到底应该如何看待呢？有人说这句话过于唯心，把意识提升到了凌驾于物质之上的地位。思想真的能够主宰一切吗？其实，物质决定意识，很多时候，哪怕我们的思想意识非常强烈，也无法改变世界客观的存在。因而，“思想决定人生”要想成立，就必须把思想意识和唯物主义结合起来，如此才能对其进行恰到好处的理解和解释。

毫无疑问，思想就相当于是灵魂。不管是一个人，还是一家企业，抑或一个社会，都应该有自己的主流思想，才能有灵魂。一个人如果没有思想，必然陷入沉沦和麻木之中，人生也会变得毫无意义。一个企业如果没有思想，没有灵魂，那么就会变成一盘散沙，最终导致企业无法凝聚所有人的能力继续朝前发展。一个社会如果没有思想，结果就会更加可怕。社会的沉沦必然导致社会秩序的混乱，人们因为没有思想作为指引，行为也会非常混乱。这样一来，社会还如何向前发展呢？由此可见，不管是个人、企业还是社会，甚至整个民族，都要有思想有灵魂，如此才能在发展的道路上越走越远。从这个意义上来说，思想有多远，就能走多远，也是正确的。现代社会，人们常说性格决定命运，也是同样的道理。

古人云，志不强则不达。我们要想实现人生的梦想，就必须对于人生有着强烈的憧憬和渴望。唯有如此，我们才能在人生的道路上排除万难，最大限度发挥我们自身的潜力，从而做到实现梦想、圆满人生。古今中外，大凡成功者，无一不是有着远大志向和坚定信念。没有人的人生会是一帆风顺的，所谓人生不如意十之八九，我们必须正确对待人生，树立人生的远大梦想，才能最大限度完成人生的梦想和理想。

马斌刚刚到美国学习音乐的时候，因为穷困潦倒，不得不和一位黑人琴师一起，充当起街头艺人的角色，在一家商场门口合作进行音乐表演，从而获取微薄的收入维持生计。后来，马斌渐渐积累了一定的积蓄，因而他毅然走入大学，开始进行系统的音乐学习。然而，他的积蓄很快就花完了，生活拮据的他并没有重新回到商场门口卖艺，因为此时此刻他对于音乐的执着追求已经远远超越了他对于物质的需求。

后来，马斌得到朋友的资助，在美国举办了个人演唱会，打破了从未有中国人在美国开音乐会的先例。后来，他在音乐的道路上越走越远，最终成为大名鼎鼎的作曲家。有一天，马斌再次路过那家商场的时候，无意间看到当年与他合作卖艺的黑人琴师还在那里。他走上前去与黑人琴师打招呼，黑人琴师问马斌现在在哪里挣钱，马斌随口说出一家知名音乐厅的名字，不想黑人琴师说：“哦，那里应该能挣到很多钱吧！”一心只想着向钱看的黑人琴师哪里知道，如今的马斌早已享誉全球，成为大名鼎鼎的作曲家了！

可以说，黑人琴师在与马斌一起合作卖艺的时候，他们的水平相差无几。然而，随着马斌的不断进步和进取，黑人琴师最终被远远甩下，再也无法与马斌相提并论。由此一来，他们的人生也有了天壤之别。这就是思想上的不同造就了他们不同的人生。倘若当初马斌不是一心一意地追求音乐，而是和黑人琴师一样只想着挣钱，那么他也许现在也还在那家商场门口卖艺呢！相反，那个黑人琴师如果能够学习马斌的积极进取，就算如今的成就不会如同马斌一样，至少也不会数十年如一日地靠卖艺生活。

思想的确能够影响人们的命运，我们唯有把思想不断提升，我们的人生才能随之改变。朋友们，要想在人生路上有所成就，我们就必须不断提升和完善自己的思想意识，这样我们的人生才能到达新的高度，我们的未来才会与众不同。

喜欢自己，用最真实的面貌去生活

不要在意别人的眼光，不要因为我们有缺点就感到自卑，不要因为我们不完美就隐藏真实的自己。让自己的心裸露在阳光下，用自己最真实的面貌去生活。

玛约·宾奇在《没有人注意我》中写道：

我比拿破仑高一英尺，我的体重是名模特威格的两倍。我唯一一次去美容院的时候，美容师说我的脸对她来说是一个难题。然而我并不因那种以貌取人的社会陋习而烦忧不已，我依然十分快乐、自信、坦然。

我在一家日报社工作，于是有机会去许多以前不可能去的地方。今年我去阿斯科特跑马场报道那儿观众的情况的时候，遇到了一件事，它使我认识到、那种试图去顺应世俗、去表现得比别人优越的行为是多么愚蠢。有一个矮小而肥胖的女人，穿戴得整整齐齐：高高的帽子，佩着粉红色的蝴蝶结的晚礼服，白色的长筒手套，手里还拿着一根尖头手杖。由于她是一个大胖子，当她坐在手杖上时，手杖尖戳进了地里。手杖戳得太深，一下子拔不出来。她使劲地拔呀拔，眼里含着恼怒的泪水。她最后终于拔了出来，而同时她却握着手杖跌倒在地上。

我看着她离去。她这一天就算毁了，她在大庭广众之下丢了丑。她没有给任何人留下印象，然而，在她自己充满悲哀的泪眼里，她是一个失败者。

我记得非常清楚，我也经历过这种情况。那时候我还没有真正认识到：没有人真正注意你的所作所为。许多年来，我都试图使自己和别人一样，总是担心人们心里会把我想成什么样的人。现在我知道他们根本就没有想过我。

我还记得我第一次跳舞时的悲伤心情。舞会对一个女孩子来说总是代表着一种美妙而光彩夺目的场合，起码那些不值一读的杂志里是这么说的。那时假钻石耳环非常时髦，当时我为准备那个盛大的舞会练跳舞的时候总是戴着它，以致我疼痛难忍而不得不在耳朵上贴了膏药。也许是由于这膏药，舞会上没有人和我跳舞，然而不管是什么原因，我在那里坐了整整4小时43分钟。当我回到家里后，我告诉父母亲我玩得非常痛快，跳舞跳得脚都疼了。他们听到我舞会上的成功，都很高兴，欢欢喜喜地去睡觉了。我走进自己的卧室，撕下了贴在耳朵上的膏药，伤心地哭了一整夜。夜里我总是想象着，在一百个家庭里，孩子们正在告诉他们的家长：没有一个人和我跳舞。

有一天，我独自坐在公园里，心里担忧，如果我的朋友从这儿走过，在他们眼里，我一个人坐在这儿是不是有些愚蠢。当我开始读一段法国散文时，我读到有一行写到了一个总是忘了现在而幻想未来的女人——我不也像她一样吗？显然，这个女人把她绝大部分时间花在试图给人留下印象上了，而仅有很少的时间在过自己的生活。在这一瞬间，我意识到我整整二十年的光阴就像是花在一场无意义的赛跑上了。我所做的一点都没有起作用，因为没有人在注意我。

现在我知道了，下一回，当我走进一家商店，一位营业员翘起她的嘴说，“你的号码，夫人？我想我们这儿绝没有你要的号码。”这仅仅是说店里的存货不充足。无形中，我心里好像去掉了一个重负，我觉得自己比以往任何时候都更轻松、更自由。

有些人有时真的很可笑，在他们的心里，总是想把最完美的自己展现给别人，永远要跟着别人的想法亦步亦趋。那么自己的心灵呢？追求完美是我们的目标，但是任何时候我们都找不到完美。每个人都是如此，你羡慕一个人，他也在羡慕你。

心理学家马斯洛在《刺激与性格》一书中说："新近机能心理学理论中的一些概念是自然舒放、自我接受、冲动知觉、自满自足。"我们经常会利用各种各样的借口来自满自足，人的一生应该为自己而活，寻找自我的价值；应该学着喜欢自己，获得自我的价值；应该不要太在意别人怎么看"我"，或者别人怎么想"我"，获得自己清晰的定位。其实，别人如何衡量你也全在于你如何衡量你自己！

第08章

每一次好运的背后，都是无数的努力

生活中，有许多人还在迷恋运气。当身边的人成功时，他们会说：他就是运气好，什么时候我才有这样的好运哪！还有的人自己不努力就算了，当别人通过努力做出一番成就时，他们会说：他就是运气好，其实能力跟我差不多。这样的人都忽略了，每一次好运的背后，都是无数的努力。

你以为的好运，是别人长久的努力

许多人对身边那些做出成就的人总是抱以羡慕嫉妒的眼光，同时感叹自己命运多舛、运气很差。对此，请重新审视一下自己——真的是因为运气很差吗？运气往往与努力相连，如果足够努力，那好运自然会到来。在这个世界上，没有无缘无故的好运，所有的好运都是努力来的。做人做事付出多大的力气，就会有多大的成功。永远记住一句话：越努力，越幸运。

请放下你的浮躁，放下你的懒惰，放下三分钟热度，放空容易受诱惑的大脑，放开容易被新奇事物吸引的眼睛，闭上喜欢聊八卦的嘴巴，静下心来好好努力。当你认真地努力之后，你会发现自己比想象中更优秀，好运也会在期待中降临。

1896年4月6日，现代奥运史上的第一个世界冠军诞生了，他就是来自美国哈佛大学的大学生詹姆斯·康纳利。

康纳利1895年被哈佛大学录取，学习古典文学。在学校时，他已经是当时全美三级跳远冠军了。听说奥运会即将在雅典举行，他便向学校请8周假，以便前去参赛，但学校拒绝了他的要求。康纳利执意要到奥运会上一试身手，于是他离开了哈佛，自己争取到参加奥运会的资格，成为由11人组成的美国代表团的成员之一。

与他一同前去的其他同伴都是波士顿体育协会麾下的运动员，参赛是免费的。而康纳利太穷了，他享受不到这种待遇。他这次参赛是在一家很小的体育协会的赞助下才成行的。由于资金紧张，他花掉了自己仅有的700美元的积蓄，才登上了德国德福达号货船。

就在起航的前两天，他伤了后背，这几乎毁了他的全部计划。幸运的是，在从纽约到那不勒斯的17天航行中，他的伤痊愈了。但是，刚下船，他的钱包又被人偷走了。这还不算，更为糟糕的事接踵而来：因为希腊历制和西方历制不同，比赛在他们到达的第二天就开始了，而不是他们原以为的12天之后；而对他更为不利的是，他的三级跳远项目的起跳要求是单足跳、单足跳、起跳，而不是他从小练习的传统跳法——单足跳、跨步、起跳。

4月6日下午，三级跳远比赛开始了。在其他运动员跳完之后，康纳利最后一个出场。他走到沙坑前，把帽子扔到了一个别的运动员跳不到的位置上，大声喊着自己要跳到帽子那里去。他在跑道上加速，按照新的规则，先两个单足跳，然后起跳，最后落在比他的帽子更远的地方，跳出了13.71米的好成绩，成为当之无愧的现代奥运史上的第一个冠军。

1949年，哈佛大学试图与他和解，并授予他博士学位。

詹姆斯·康纳利很幸运吗？或许所有人都会这样觉得，但事实上，你永远不知道他背后的努力。并不是每个人都能在逆境中坚持自己的决定。面临着参加奥运会就要离开学校，且自己自费参赛的严峻考验，詹姆斯·康纳利坚持自己的想法，最终博得了胜利。

正如一位哲人所言：成功者大都生在不好的环境并经历过许多令人心碎的挣扎和奋斗。他们生命的转折点通常都是在危急时刻才降临。经历了这些沧桑之后，他们才具有了更健全的人格和更强大的力量。

在不少人眼里，莎莉是一个努力的女孩，她几乎一年365天都在工作。在几年前，她看起来还有点婴儿肥，现在却摇身一变成为了纤瘦励志女神。当然，莎莉的变化不仅在外表上，她还陆续推出了有影响力的作品，其能力也得到大家的认可，一跃成为圈内的劳模代表。

面对这些变化，莎莉说："我希望努力度过每天，做最棒的自己，努力是我一个很好的开始。"其实，莎莉从小没有想过自己会成为活跃在大荧幕上的明星。小时候，莎莉的父母对她要求很严格，让她学画画、硬笔书法、钢琴等，涉猎广泛，在这个过程中，莎莉慢慢明白努力有多么重要。父母经常对莎莉说："你可以不是第一名，但你一定得是最努力的那一个。"所以，一直以来莎莉都坚信"越努力越幸运"，她希望通过自己的努力赢得一次又一次的好运。她说："加倍努力，终于让我化茧成蝶。"

在通往成功的路途上，任何的抱怨都无济于事，任何的借口都是白搭，唯有努力才真正奏效。努力的人，不用去寻找好运，因为他自带好运。越努力越好运，这确实是一个成功的奥秘。努力本身带给我们的益处远远大于成功，在努力的过程中，不断磨炼，不断尝试，到某个时间节点，所有的努力都会聚沙成塔，成就自我。

风往哪个方向吹，草就往哪个方向倒。人要做风，即便最后遍体鳞伤，也会长出翅膀，勇敢地飞翔。努力吧，在路上的人！

一个人如果缺少棱角、缺少勇气，无法选择走自己的路，那他只能成为被风吹倒的草。所以，大胆走自己的路，努力吧，总有一天，你会成为翱翔的雄鹰，繁华褪尽，剩下的只有荣光。

积极面对人生，不遗余力地付出

现实生活中，每一位朋友对于生活都有着无限的憧憬。我们梦想着我们的人生有着美好的未来，能够衣食无忧，财务自由，也梦想着我们能够获得成功，闪耀光环。虽然每个人因为人生经验的不同，对于自己未来的憧憬也有很大的不同，但是每个人都在竭尽所能地把自己的未来想得更好，且希望自己的人生能够更加与众不同。遗憾的是，现实是残酷的，虽然我们常常用“万事如意、一帆风顺”来祝福他人，现实情况却是没有谁的人生会真的顺心如意。大多数人的人生都会遭遇坎坷与挫折，尤其是人生的很多事情会事与愿违，伤害我们的憧憬和幻想。在这种情况下，我们如何才能让人生朝着我们梦想和预期的方向发展呢？最重要的就在于，我们必须意识到天上不会掉馅饼，更没有一蹴而就的成功。哪怕只是小小的愿望，我们要想满足自己，也必须付出代价。

一个人，凭什么能够过上自己想要的生活呢？归根结底，我们的生活不是梦想来的，而是靠实干和打拼努力争取来的。我们只看到成功者的光鲜亮丽，却没有看到他们在获得成功之前付出了多少努力、遭遇了多少艰难坎坷。世界上没有免费的午餐，我们想要享受美食、穿上时装，或者是在工作上获得成就，都必须付出相应的努力。大多数朋友对于人生的追求仅限于做自己喜欢做的事情，那么，我们不免要问，到底什么事情才是我们喜欢做的呢？纯粹的爱好当然能够给我们的生活带来乐趣，但是，如果我们不务正业，一心一意只想着玩耍，那么我们的生活最终将会变得很难堪。换言之，经济基础决定上层建筑，假如我们尚且无法解决自己的温饱问题、不能让自己有尊严地活着，所谓的爱好又如何能够找到生存和发展的基础呢？我们就算把爱好当成自己的毕生的事业去发展，也未必能够如愿以偿地获得成功，而人生也未必就会因此获得幸福快乐。

在职场上，很多人都不热爱自己的工作，心里总是迈不过去那个坎儿。殊不知，我们要做的不是爱一行干一行，而是干一行爱一行。前文所说的“一万小时定律”告诉我们，只要我们在十年里每天坚持付出三个小时做好我们的本职工作，那么我们的工作一定会风生水起、获得成就。这个定律的验证，还是在我们从事自己并不热爱的工作的情况下。因此，朋友们，不要再把宝贵的时间用来抱怨，抱怨绝不是你获得自己想要的生活的资本。更多的情况下，我们与其抱怨，不如竭尽所能地努力奋斗，从而经营好自己的人生。

当然，现代社会进入信息大爆炸的时代，我们常常能够通过各种各样的渠道获知别人的成功。在这种情况下，我们更要保持内心的坚定。因为人云亦云、捡起芝麻丢西瓜的人是不可能获得成功的。所以，我们既不要学习别人拼命三郎般不顾命地工作，也不要如同他人一样冲动地辞职去旅行。我们对于自己的人生必须有自己的规划，而且要内心坚定，这样才能在与命运的博弈中以顽强的毅力最终获得成功。

现实生活中，很多朋友都觉得自己过得憋屈。他们的购物车里加满了各种各样的商品，却始终找不到理由下定决心去结算。很多男性朋友面对自己梦寐以求的汽车，无论如何都买不起。的确，生活总是充满无奈，但是承受着无奈的我们绝不能因此放弃努力。任何情况下，我们都必须非常认真努力，才能最大限度掌握人生的主动权。

很多时候，我们与其临渊羡鱼，不如退而结网。与其抱怨，不如把抱怨的时间都用来努力奋斗，这样我们至少能够提升自我，并让自己掌握更多的主动权。很多朋友之所以觉得生活压抑、无望、满心疲惫，就是因为在生活中缺乏主动性，过于被动。想想我们今日的无奈，我们就会知道，我们只有在今日更加努力，未来才会有主动的生活，把握人生的主动权。所以，朋友们，让人生如愿以偿是必须付出代价的。从现在开始，就让我们更加积极主动地面对生活，并不遗余力地用心付出吧！

把每一件不起眼的小事情做到极致

一个饥肠辘辘的人，在吃了第一张饼之后没有感觉到饱腹，因而又吃了五张饼。直到吃完第七张饼，他突然感觉到饱了。因而他遗憾地说："哎呀，早知道我就不吃那六张饼了，只吃这第七张饼就好。"听了他的话，其他人不由得啼笑皆非。的确，他是在吃完第七张饼后感到饱腹的，但是，如果没有吃前面的六张饼，他直接吃了第七张饼，那么他必然和吃完第一张饼一样依然觉得很饿，根本无法填饱肚子。尽管这个故事非常简单，甚至连几岁的孩子都知道其中的道理，但是生活中依然有很多人犯类似的错误，他们总是觉得曾经的努力付出都白白浪费了，只有最后的一步，才起到了决定性的作用。其实，这种想法是大错特错的。

一个人即使能力再强，也不可能一蹴而就获得成功。所以，我们要想获得成功，就必须耐得住寂寞，在人生路上坚持做好点点滴滴的小事，为自己最终的成功奠定坚实的基础。唯有如此，我们才不会与成功失之交臂，我们的成功才不会如同空中楼阁一样弱不禁风，经不起考验。

大名鼎鼎的时装大师皮尔·卡丹曾经告诉他的员工，与其缝制一件粗糙滥制的衣服，不如缝好一颗纽扣。由此可见，他之所以能够成立时装的王国，就是因为他非常注重点点滴滴的细节，而且能够坚持做好每一个细节。很多朋友都误以为，只有做好那些大事情，我们的人生才能辉煌，引人注目。实际上，做好一件大事是相对比较容易的，而要想让一件大事的细节经得起推敲，真正做到完美无瑕，却是很难的。在美国，邮差弗雷德家喻户晓。那么，作为一名普普通通的邮差，弗雷德到底是如何让大家记住他的呢？究其原因，他对于自己普通而又平凡的工作投入了全部的心力，他对工作积极热心，充满热情，而且非常耐心，把每一件不起眼的小事情都做到极致。所以，他才能以自己平凡的工作感动每一个美国民众，才能在整个美国都为人知晓。当然，他最大的收获是成就了自己的人生，让自己的人生从此变得与众不同。

一位美国游客去泰国曼谷出差，顺便度假。清晨，当他打开房间门的时候，一位服务员微笑着和他打招呼：“杰克先生，早上好。”他很惊讶，此前，他因为工作的关系到过很多地方出差，从未有任何一家酒店的服务员能够叫出他的名字。看着他愕然的表情，服务员笑着说：“杰克先生，我们酒店要求每个楼层的当班服务员都必须能够叫出每个房间里的客人的名字。”为此，美国游客感到心情舒畅。后来，服务员引领他去餐厅用餐，因为不认识餐盘里的某种食物，所以他马上询问服务员。服务员紧闭嘴巴朝前一步，探头看清楚盘子里的东西之后，她又马上退后一步，然后才耐心地向美国游客解释这种食物的名称。等到美国游客再次提问时，服务员又如同前面那样解答，这时美国游客意识到，服务员是在尽量避免口水溅入菜品里。对于这家酒店的服务细节，美国游客印象深刻，而且觉得非常满意。

旅行结束、当美国游客准备退房离开时，服务员为他结算完费用，然后把各种票据装入信封封好，用两只手拿着信封毕恭毕敬地交给他，然后说：“杰克先生，感谢您的光临。希望在不久的将来，能够等到您的第六次光顾。”就这样，美国游客后来每次去泰国曼谷出差或者旅游，都会首选这家酒店。

毫无疑问，泰国曼谷的这家酒店无疑成功征服了美国游客的心。假如换作其他的酒店，能够把细节做到如此的程度，那么它们也一定会征服每一位到访客户的心，从而为酒店争取到稳定的客源。朋友们，对于人生，我们也要有这样精益求精的精神，唯有把每一点滴的小事都做好，我们的人生才能获得成功，我们的未来才会充满希望。

当今这个时代，每个年轻人都有属于自己的梦想，都渴望成功。然而，大多数年轻人都眼高手低、好高骛远，导致整个社会的风气越来越浮躁。我们要想脚踏实地地走好人生的每一步，就必须一步一个脚印，不要奢望人生会有一蹴而就的成功。很多时候，也许我们的付出未必能够得到回报，但是如果我们不付出，我们的人生必然没有回报。虽然那些点点滴滴的小事情距离成功还很遥远，但是，就像我们必须一步一步勇敢向上才能攀上山巅一样，我们要想获得成功，也必须以完成这些点滴小事作为阶梯，这样我们才能步步为营，距离成功越来越近。

努力和行动在一起，才能造就成功的你

卡内基曾经说："只要你向前走，不必怕什么，你就能发现自己，成功一定是你的！" 一个有积极态度的人，不会停留在已有的条件或已有的成绩上，他总是不停地开拓、不停地创造。世界是变化的，社会是发展的，因而不能被动地守着原有的东西，而应主动地适应这种变化，不断地创新、不断地前进。谁有这种主动创新的积极态度，谁就能不断地排除困难、不断地获得成功。

犹豫不决的年轻人总是想“明天”“将来”之类的字眼，其实这些字眼与“永远不可能做到”的意义是相同的。如果你要想成功，那么，现在就去做。立刻开始工作，态度要主动积极，要大胆去改善现状，要主动承担义务工作，向大家证明你有成功的能力与雄心。

有了目标，没有行动，一切都会与原来的目标背道而驰。有了积极的人生态度，没有立即行动，一切都极有可能转向成功的反面。所以说，主动是一切成功的创造者。赫胥黎的名言：“人生伟业的建立，不在能知，乃在能行。”“行”，乃是扭转人生最有力的武器。

钢铁大王安德鲁·卡内基19岁的时候在宾夕法尼亚铁路公司做电报员，一次偶然的机会，卡内基处理了一起意外事件，使他得到提升。

当时的铁路是单线的，管理系统尚处于初期阶段，用电报发指令只是一种应急手段，有很大的风险，只有主管斯考特先生才有权力用电报给列车发指令。斯考特先生经常得在晚上去故障或事故现场，指挥疏通铁路线，因此许多时候他都无法按时来办公室。

一天上午，卡内基到办公室后，得知东部发生了一起严重事故，耽误了向西开的客车，而向东的客车则是信号员一段一段地引领前进，两个方向的货车都停了。到处都找不到斯考特先生，卡内基终于忍不住了，发出了“行车指令”。他知道，一旦他指令错误，就意味着遭到解雇和耻辱，也许还有刑事处罚。

卡内基在《自传》中写道："然而我能让一切都运转起来，我知道我行。平时我在记录斯考特先生的命令时，不都干过吗？我知道要做什么，我开始做了。我用他的名义发出指令，将每一列车都发了出去。我特别小心，坐在机器旁关注每一个信号，把列车从一个站调到另一个站。当斯考特先生到达办公室时，一切都已顺利运转了。他已经听说列车延误了，第一句话就是：'事情怎样了？'"

当斯考特先生详细检查了情况后，从那天起，斯考特先生就很少亲自给列车发指令了。不久公司总裁汤姆逊先生来视察，见到卡内基便叫出他的名字，原来总裁已经听说了他那次指挥列车的冒险事迹。

不同的行动会产生不同的结果，从结果中又可带出新的行动，把我们带向特定的方向，最后决定我们的人生。这就是只有少数人能从芸芸众生中脱颖而出的原因——他们不但有行动，并且有不同于一般人的主动。不要再只是被动地等待别人告诉你应该做什么，而是应该主动去了解自己要做什么，并且规划它们，然后全力以赴地去完成。想想今天世界上最成功的那些人，有几个是唯唯诺诺、等人吩咐的人？

其实，在主动进取的人眼中，机会完全是可以"创造"的。新中国石油战线的"铁人"王进喜有一句名言："有条件要上，没有条件创造条件也要上。”创造条件就是创造机会。如果你想要成就某种事业而又不具备相应的条件，你就没有机会，而当你通过努力使自己具备了这些条件时，你就为自己创造了机会。努力增强和提高自身的能力和水平，强化自身的优势，就会使自己面临更多的机会，这一点，对于一个人和一个企业都是如此。

我国著名导演张艺谋在成为大导演之前可谓历经坎坷曲折，但他以进攻的姿态为自己创造了一次次机遇。1978年，北京电影学院在文革后首次招生，按他的家庭情况，他是难过“政审”关的。但他用自己几年来的摄影作品“开路”，给素昧平生的文化部长黄镇写了一封恳切真诚的信，并附上自己的作品。颇通艺术的部长有强烈的爱才之心，于是派秘书去电影学院力荐张艺谋，张艺谋终于被破格录取。

尽管在校表现优秀，但命运仍然对他不公，毕业后，他被分配到广西电影制片厂这个小厂。但他并没有因处境不佳而自我埋没。外部条件不好，厂小、人少、设备差、技术力量薄弱，是不利的因素。但这里也有大厂所不具备的条件，那就是科班毕业生少，名导演、名摄影师少，因而论资排辈的现象不像大厂那么突出。1984年，广西电影制片厂拍摄影片《一个和八个》张艺谋主动请缨，挑起大梁，以卓越的摄影才能，一炮打响，该片荣获“中国电影优秀摄影奖”，同时，这部电影也成为第五代影人崛起的标志。

年轻人应做个主动的人，要勇于实践、真正做事，不要只会空谈。创意本身不能带来成功，只有付诸实施时创意才有价值。用行动来克服恐惧，同时增强你的自信。怕什么就去做什么，你的恐惧自然会立刻消失。自己推动自己的精神，不要坐等精神来推动你去做事。主动一点，自然会精神百倍。

许多年轻人被成功拒之门外，其实，并不是成功遥不可及，而是他们不能挑战自己，总是主动放弃，认定自己不会成功。事实上，只要你每天限定自己一定要超越自我一些，成功便自会出现在你眼前。成大事的人就是如此。要获得卓越成就，你就应该主动追求。思想积极了，你才会摒弃懒散的习性。你必须让潜意识充满积极的想法，无论任何状况，你都要超越自我。

莎士比亚曾说："聪明人会抓住每一次机会，更聪明的人会不断创造新机会。"年轻人对待机会要采取主动的态度，甚至要用我们的行动增加机会出现的可能性。著名剧作家萧伯纳说过一句非常富有哲理的话："征服世界的将是这样一些人，开始的时候，他们试图找到梦想中的东西。最终，当他们无法找到的时候，就亲手创造了它。"真正的成功者不但要善于把握机会，更要善于创造机会。

足够努力的人才能过上想要的生活

命运从来不会特别亏待一个人，也不会尤其青睐一个人。每个要想得到自己梦寐以求的生活的人，都要不断努力去争取。切记，从未有人能够轻而易举就过上自己想要的生活，因为命运从来不会让任何人不劳而获。当意识到必须依靠努力争取才能得到自己想要的一切时，你是选择落荒而逃，不愿意付出辛苦和努力？还是选择拼尽全力，从而让自己的人生绽放出更多的精彩呢？懒惰者选择前者，勤奋者选择后者，勤奋者甚至会因为勤奋就能改变命运而欣喜异常。

现实生活中，当觉得生活枯燥乏味，或者距离自己梦想中的生活很遥远时，我们不妨问问自己：我为何不能如愿以偿，是天赋不够，还是努力不够？如果一个人抱着笨鸟先飞的态度，在人生中总是能够抓住各种各样转瞬即逝的机会，那么他就能过上自己想要的生活。记住，客观存在的一切是无法改变的，我们真正能够操控的是自己的心态。常言道，心若改变，整个世界也随之改变，所以我们必须亲自去争取，才能获得想要的一切。

生活中，总有很多人都觉得自己是这个世界上最不幸运的，也总觉得自己是怀才不遇，因而一张口就是抱怨和牢骚。实际上，越是充满抱怨和牢骚的人，越是不愿意直面这个世界，也越是表现出他们逃避的态度。当一个人真正做到面对一切时，他就能够从容淡然，做到接纳自己，也悦纳人生。心无暴戾，才能心甘情愿地努力，这是亘古不破的真理。

作为公司的新进人员，墨菲实际上是老总作为储备干部招聘来的。在同期进入公司的十个职员中，墨菲最不起眼，其他人都被各个部门的负责人挑选走了，唯独剩下墨菲。看到其他新同事都有了该干的事情，而自己却无人问津，墨菲决定主动出击，去其他部门推销自己。然而，其他部门的负责人都委婉地拒绝了墨菲，一则因为他们没有合适的岗位安排墨菲，二则也因为他们不太喜欢墨菲木讷的样子和直截了当的言辞。毋庸置疑，墨菲即使进入哪个部门，未来也是不会见风使舵的刺儿头。

看到自己依然没有着落，墨菲更是心急如焚。她傻乎乎地坐在办公室里好几天，无事可干，主动帮忙也被同事拒绝。墨菲暗暗想道：我不能就这样把自己闲死，我必须非常努力，才能有事可干。到了中午，墨菲发现，有些同事错过了午饭的时间后就随便吃点儿方便面，因而墨菲主动在午餐前去各个部门统计需要订餐的人数，从而为大家定制美味可口的饭菜。当同事们即使加班也不至于饿肚子之后，大家纷纷夸赞墨菲是个有眼力见的好姑娘。当然，也有的同事认为墨菲无事献殷勤的样子很可笑，毕竟公司并不需要一个专门订餐的人。然而，不管出于哪种心态，大家都记住了墨菲。最终，墨菲的举动引起了领导的注意，也让领导意识到墨菲是个可造之材。没过多久，墨菲就转正了，而且，因为和同事之间关系良好，墨菲在工作上如鱼得水，不管需要与哪个部门合作，都能得到很好的配合与帮衬。

后来，行政部看重墨菲眼里有活，而且心思灵活，为此特意把墨菲提升为行政助理。虽然行政助理这个职位听起来不错，但是做过的人都知道，本质上就是打杂的。很多人都不愿意担任这个职务，但是墨菲毫无怨言，她不但包揽了办公室里所有的杂活儿，还把没有人愿意承担的工作也承担起来。渐渐地，墨菲对办公室的各项事务越来越熟悉，最终被领导提升为行政主管，从此之后成为了公司里不可或缺的重要人物。

对待工作，大多数年轻人的理想是尽量做最少的活儿，然后能够得到尽可能多的薪水。殊不知，现代职场一个萝卜一个坑，根本不会有这样的好事情能够轮到你的头上。很多职场新人频繁换工作，总是得不到好的发展，就是因为他们眼高手低。如果能够像墨菲一样主动找工作承担，哪怕再辛苦和劳累也绝不抱怨，那么就能在职场上站稳脚跟，甚至稳扎稳打开展事业。

老人常说，力气是用不完的。因此，职场上的年轻人，一定不要吝惜自己的力气，而要竭尽全力为了工作打拼。记住，若很多人都不愿意做某件工作，而唯独你去做了，你就能在上司的心中留下好印象，并获得同事的认可。反之，如果一项工作人人都抢着去做，那么，哪怕做好了，也未必会有功劳，而且，想做的人挤破了脑袋，轮到谁还不一定呢！所以，要想在职场上出人头地，一定要当机立断，抓住机会，竭尽全力表现自己，展现自己的能力。

第09章

不要因为路上的坎坷，就怀疑自己前进的方向

前进的路途，无不是越过了荆棘才看到鲜花满地，无不是跨过了坎坷才看到一马平川，无不是踏过了风浪才看到静谧湖面。人生也是一样的，我们在前进的路途中，不要因为路上的坎坷而怀疑自己前进的方向。

丰富的人生历练是走向成功的奠基石

曾有人说：成功的人生是痛苦与失败的交织，是磨难与顺利的交替。卓越的人生从卓越的目标开始，卓越目标的背后必然是充满荆棘和坎坷的路。经受了荆棘的刺痛和坎坷的摔打，追求成功的意志才会坚强起来，历练是人生不可多得的宝贵财富，拥有了这笔财富，就没有什么困难不能克服，没有什么曲折可以把人击倒。丰富的人生历练是走向成功的奠基石。命运赐给我们机遇和幸福，同时也给我们缺憾和苦难，我们没有必要畏缩自卑，更没有必要怨天尤人，用坚强的意志和刚毅的态度对待磨难，用豁达的心态对待生活，就会多一些希望，多几分幸福。对于年轻人而言，每一次挫折，都将是一种成长。

1832年，毕业于哈佛大学的亚伯拉罕·林肯失业了，这令他感到很难过，他下定决心要成为政治家，去当一名州议员。但是，糟糕的是，他在竞选中失败了，在短短的一年里，林肯遭受了两次打击，这对他而言无疑是痛苦的。接着，林肯开始自己创业，当即开办了一家企业，可是还不到一年，这家企业倒闭了，在这之后的17年里，林肯都在为偿还企业欠下的债务而奔波劳累。不久之后，林肯又一次参加竞选州议员，这次他成功了。林肯内心深处有了一线希望，他认为自己的生活有了转机，心想："可能我就可以成功了。"

然而，人生的逆境好像永远没有结束的那一天。1835年，亚伯拉罕·林肯与漂亮的未婚妻订婚了，但离结婚的日子还差几个月的时候，未婚妻不幸去世，林肯心力交瘁，几个月卧床不起，没过多久，他就患上了精神衰弱症。1838年，林肯觉得自己身体好了些，他决定竞选州议会议长，但是，在这次竞选中他又失败了。再接再厉的精神鼓舞着林肯，1843年，林肯参加竞选美国国会议员，这次他所面临的依旧是失败。但是，林肯一直没有放弃，他并没有说："要是失败会怎样？"1846年，林肯参加竞选国会议员，这次他终于当选了，但两年任期过去，林肯面临着又一次落选。不过，林肯并没有服输，1854年，他竞选参议员，但失败了，两年之后他竞选美国副总统提名，但是被对手打败，两年之后他再一次参加竞选，但还是失败了。无数的失败并没有让林肯放弃自己的追求，1860年，亚伯拉罕·林肯当选为美国总统。

当我们不幸被看成"蘑菇"的时候，如果只是一味地强调自己是"灵芝"，并没有任何作用，此时，利用环境尽快成长才是最重要的。当自己真的从"蘑菇堆"里脱颖而出的时候，我们的价值就会被人们所认可。虽然，成长经历给我们带来了压力和痛苦，但是，这些难忘的经历有可能让我们赢得成功。J·K·罗琳就是最典型的例子，她是一位中年女性，在事业最黯淡的时候，她开始拿笔写作，最终她写出了享誉世界的《哈里·波特》。

拥有18亿元身家的俞敏洪是新东方教育集团的创始人。1980年，经过两次高考落榜后，俞敏洪考入北京大学外语系，进入北大读书。俞敏洪不会吹拉弹唱，不会说普通话，他经常得到的就是老师和同学“白眼”。英语老师评价俞敏洪说：“只能听懂俞敏洪三个字，鹦鹉都不如。”这些刺耳的话语令他刻骨铭心。之后，他一天十几个小时地狂听狂背，创纪录地熟练掌握了 8 万个英语单词。

1984年俞敏洪留校当了教师，却依然被北大边缘化。六七年之后，为了赚取出国学费，俞敏洪就到校外的民办外语培训机构教课，被北大发现后受到了严肃的通报批评。他愤然辞职，开始了新东方创业历程。最初，他租用中关村二小的一个小平房。俞敏洪自己拎着糨糊桶，在零下十几度的冬夜到处张贴招生广告。1995年，新东方急速发展起来，拓展了业务领域，完成了向现代公司的转变。到年底时，在校学生数已经达到千人的规模。

据公开资料统计，现在每年有近1000万人在接受着新东方的英语培训。2005年9月7日，新东方成功登陆纽约证券交易所，发售了750万股美国存托凭证，一举融资1.125亿美元。新东方成了第一家在海外上市的中国教育培训公司，俞敏洪成了有史以来中国最富有的教师。

俞敏洪的成功是历练的结果。坎坷不平的人生道路造就了俞敏洪不屈不挠的性格，造就了俞敏洪踏实前行的人生之路。他的经历告诉我们，成功的人生必然要接受艰苦的历练。人生旅途道路曲折，有高也有低，有起也有落，挫折是客观存在的。

成功者正是靠着坚忍不拔的品质，使自己从社会的底层走向成功。生活中，幸运只降临在那些具备坚韧精神、为最终胜利孜孜不倦地付出的人身上，而缺乏了这种精神的人，哪怕成功近在咫尺，也只会与成功失之交臂。

生命中的每一次挫折，都将是一次成长。有人说，人生是由幸福和痛苦组成的一串珍珠。逆境只能使成功者受到历练，除此不会有任何伤害。你要有一种战胜挫折的信心和勇气，以锻炼自己的品质，磨砺自己的意志，激发自己的智能，增长自己的才干，显露自己的本色。

失败给予你什么，完全取决于你的态度

从古至今，每个人都在追求成功。然而，大多数人在失败的绝望中放弃了努力，只有少数人一直坚持到最后，用失败孕育出成功。细心的人会发现，即使是伟人的成功也不是一蹴而就的。相反，伟大的人之所以能够取得如此骄人的成绩，恰恰

是因为他们承受了更多的失败。在一生之中，每个人都会遇到很多次失败，越是渴望成功，尝试着获取成功，失败的次数就越多。这正印证了人们常说的那句话，失败是成功之母。只有不断地从失败中汲取经验和教训，提升自己的能力，才能最终获得成功。

失败是成功之母是一个真理。很多人在追求成功的道路上，最害怕面对的就是失败。其实，失败没有那么可怕。如果不是一次次失败，居里夫人不会发现宝贵的镭，为全人类造福；如果不是一次次失败，毛主席不可能带领全国人民赶走侵略者，成立新中国……从小的事情来说，没有一次次尝试，婴儿便无法独立行走；没有一次次牙牙学语，婴儿永远也无法掌握语言的技巧；没有一次次失败，你甚至无法学会骑单车……不管是伟大的人生，还是平凡的人生，不管是伟大的成就，还是小小的获得，都是由一次次或大或小的失败塑造的。面对失败，只要我们摆正心态，失败就能成为我们进步的阶梯。反之，如果你失败一次之后就萎靡不振，那么失败就将成为禁锢你的牢笼。失败给予我们什么，完全取决于我们对待它的态度。所以，我们首先要做的是调整好自己的心态，以积极乐观的态度面对失败，这样，我们才能离成功近一步，再近一步。

想要获得成功，就要不断地努力奋斗。失败，恰恰是奋斗的伴侣。在奋斗的路上，每一次突如其来的打击，每一次意料之外的挫折，都是失败的化身。面对这些，知难而退只会导致我们彻底失去成功的机会，只有迎难而上，继续尝试和努力，才能帮助我们离成功近一点儿，再近一点儿，直至最终获得成功。

很久以前，这个世界上没有电灯。每当夜晚来临的时候，人们就会点燃蜡烛、煤油灯照明，在昏暗的灯光下度过漫长的夜晚。为此，爱迪生非常苦恼，他想发明一种持续发亮的、经久耐用的灯泡，让人们的夜晚不再黑暗。

1877年，灯泡的实验开始之后，爱迪生试过很多材料。他先是使用一种碳条进行试验，但是碳条太脆弱了，不能作为灯泡的材料使用。后来，他又尝试金属材料，诸如钌和铬等，然而，它们虽然能亮起来，却只能维持短短的几分钟时间，就会被烧毁。在一次又一次的失败中，爱迪生并没有气馁。他始终在坚持尝试各种材料，失败了再来，失败了再来。即使别人嘲笑他在白日做梦，他也毫不在乎。后来，他终于发现了碳化棉签，将其作为灯丝，可以维持45小时左右。尽管这样，爱迪生还是兴奋不已，要知道，从几分钟到45个小时，这可是巨大的进步啊！实验进展到这一步，他已经足足尝试了六千多次，这需要多么强大的内心和顽强的毅力才能坚持啊!

经历过这次小小的喜悦，爱迪生再次开始进行灯丝实验。直到1908年，爱迪生终于发现了适合用作电灯材料的钨丝。他欣喜若狂，钨丝不但能够长期使用，而且能发出非常明亮的光芒，简直是用作灯丝的不二之选。时至今日，电灯已经走进了千家万户，可以说，是爱迪生给世界带来了光明。

爱迪生为了灯泡的问世，付出了常人难以想象的艰辛和努力。仅以植物作原料的碳化试验就达到了六千多次。除此之外，他还进行了无数次关于矿石和金属的实验。在找到钨丝之前，他肯定也已经忘记了自己到底经历过多少次失败，他唯一没有忘记的是，失败了就换一种材料继续实验。正是因为有着如此执着的精神，有着面对无数次失败也毫不气馁的顽强毅力，爱迪生才能发明灯泡，为全世界带来光明。

失败并不可怕，重要的是，我们必须从失败中得到成长。只要你还在失败，就说明你没有放弃你努力，这恰恰是你走向成功的必由之路。

甘受寂寞和孤独，迎来成功的曙光

许多人都知道蝴蝶的蜕变过程——先是虫卵，然后，等春天来了，出来了毛毛虫、菜青虫之类的虫子，这时基本上都是害虫，然后，它们生长一段时间以后成熟了，就开始吐丝结茧，在过一段时间之后才会变成“翩翩起舞”的蝴蝶。在万花丛中，蝴蝶那美丽的翅膀抖动着，那靓丽的花纹在阳光的照射下更是熠熠生辉。可是，我们在赞叹蝴蝶美丽的同时，是否想到了它蜕变背后的艰辛呢？它们在最痛苦的时候，依然没有忘记蜕变这个志向。

蝴蝶的蜕变是需要代价的，它所承受的代价就是忍受痛苦——蜕变的苦痛、等待的焦躁、忐忑不安的心境，都是蝴蝶在蜕变之时所承受的苦痛。其实，人何尝不是一样呢？如果想要成功，必须经历一个煎熬的过程，就好像蝴蝶蜕变一样。刚开始可能你只是一个什么都不会的毛头小伙子，后来慢慢开始有了想法，开始去尝试，尝试之后是失败，失败了再尝试，在忍受了无数次失败的痛苦之后，你才能迎来成功，在这个过程中，你一定要忍受，坚持自己的志向。

几年前，华人导演李安执导的《理智与感情》被列入了“影史最伟大英国电影TOP100”榜单。回望李安的成功，就好像一次人生的蜕变，在这个过程中，他付出了巨大的代价。内敛和害羞的李安曾说：“我天性竞争性不强，碰到竞赛，我会退缩，跟我自己竞争没问题，要跟别人竞争，我很不自在，我没那个好胜心，这也是命，由不得我。”这个信命的男人，却以自己强韧的耐心完成了一次生命的华丽蜕变，从一个普通的男人蜕变成为了名声响彻国际的大导演。

虽然，李安毕业时的作品《分界线》为他赢来了一些荣誉，但毕业之后，他并没有找到一份与电影有关的工作，他只得赋闲在家，靠妻子微薄的薪水度日。那段日子算是李安的潜伏期，他为了缓解内心的愧疚，不仅每天在家里大量阅读、大量看片、埋头写剧本，而且包揽了所有的家务，负责买菜、做饭、带孩子，将家里收拾得干干净净。他偶尔也会帮人家拍拍片子、看看器材、做点剪辑处理、剧务之类的杂事，有一次甚至去纽约东村一栋很大的空屋子帮人守夜看器材。在这段时间里，他仔细研究了好莱坞电影的剧本结构和制作方式，试图将中国文化和美国文化有机地结合起来，创造一些全新的作品。

后来，李安回忆起这段日子的煎熬生活，依然十分痛苦："我想我如果有日本男人的气节的话，早该切腹自杀了。"就这样，在拍摄第一步电影之前，他在家里当了六年的家庭主男，练就了一手好厨艺，就连丈母娘都夸奖："你这么会烧菜，我来投资给你开馆子好不好？"蛰伏了一段时间之后，李安出山了，他开始执导自己的第一部电影——《推手》，紧接着，他内心对电影艺术的狂热就好像终于等到了机会发泄，一部接着一部，部部片子都是经典，都为其成功奠定了扎实的基础。

就这样，李安完成了一次生命的华丽蜕变。

一个对电影怀抱着理想和希望的男子，却甘愿在家里做了六年的"煮夫"，这需要何等的耐心呢？就连李安自己也自嘲说："我想我如果有日本男人的气节的话，早该切腹自杀了。"在那段煎熬的日子里，他始终蛰伏着，就好像蝴蝶在蜕变之前所经历的一切环节，忍受着寂寞与孤独，忍受着枯燥和痛苦，却始终没能忘记自己的志向。他总算等来了那一天，终于，他成功了。虽然，蜕变的代价是巨大的，但他已经忍受了过来，现在的他，轻轻松松就可以采摘成功的果实，生活对于他，也从来都是公平的。

帕格尼尼的人生是充满苦难的：在他4岁时，一场麻疹和强直性昏厥症，差点要了他的命；7岁时，他又患上了严重的肺炎，不得不进行放血治疗；46岁时，他的牙床突然长满脓疮，只好拔掉几乎所有的牙齿；牙病刚刚好，他又染了上可怕的眼疾，幼小的儿子成了他手中的拐杖；年过半百后，关节炎、肠胃炎等多种疾病时刻吞噬着他的肌体；后来，他的声带也坏掉了，只能靠儿子按口型翻译他的思想；57岁时，口吐鲜血而亡；死后，尸体也备受折磨，先后被搬迁了8次！

但是，面对人生中的这么多苦难，帕格尼尼并没有沉沦，他不仅用独特的指法弓法和充满魔力的旋律征服了整个世界，而且发展了指挥艺术，创作出《随想曲》《无穷动》《女妖舞》和6部小提琴协奏曲以及许多闻名世界的吉他演奏曲，可以说，他是一位善于用苦难的琴弦将天才演奏到极致的奇人。

听到了帕格尼尼的悲苦演绎，李斯特大喊："天啊，在这4根琴弦中包含着多少苦难、痛苦和受到残害的挣扎着的生灵啊！"在追求事业的过程中，磨难是不可避免的，但我们每个人都有自己的选择，有的人选择抱怨，有的人选择自暴自弃，有的人选择隐忍、奋进。很多时候，我们已经忘记了还有一种东西——耐心，只要我们保持顽强的耐心，沉寂的时光只会让我们变得更坚定，成功也就是指日可待的事情了。

任何一次成功的背后，必定是百转千回的磨砺和痛苦，甚至是一次痛苦的蜕变，所以说，成功是需要耐心的，需要顽强的耐心，哪怕时光再沉寂，也不要磨灭自己的志向。沉寂的时光磨不去坚定的志向，它只会成为我们努力奋发的见证者。甘受寂寞和孤独，我们才能迎来成功的曙光。

接受一切，坦然走完人生的旅途

在这个世界上，水是最柔软无形的，它可以被放置在任何容器中。它的形状随着容器的改变而改变，可以说它没有形状，容器的形状就是它的形状；也可以说它非常柔软，看似无法承受任何力量，实际上却可以接受任何力量。自然界中，很多生物都能够适应无法改变的大自然，让自己符合自然的规律生存。作为万物主宰的人类，偏偏有很多人不愿意改变自己，而且对于无法改变的一切始终较着劲，导致自己的人生也很别扭。

虽然我们常常祝福自己和他人万事如意，现实情况却是，很少有人能够真正做到万事如意。不管对于什么事情，人们往往有着无限的憧憬和渴望，然而事情的发展总是难以尽如人意。举个最简单的例子，最近国家放开了二胎政策，很多独生子女家庭都开始筹划要个“二宝”。无疑，已经有了儿子的夫妇梦想着拥有一个女儿，已经拥有了一个女儿的夫妇，又很想要个儿子。然而，世事偏偏难以如愿，很多有了儿子的家庭偏偏又生了一个儿子，有了女儿的家庭又生了一个女儿。其实，不管儿子还是女儿，都是命运赐予的，有两个女儿或者两个儿子也是很好的，又何必非要儿女成双呢？坦然想开的父母当然觉得高兴，然而，那些想不开的父母，则郁郁寡欢。归根结底，不管他们心情如何，都无法改变事实。既然如此，不如高高兴兴迎接小生命到来，过着一家四口其乐融融的幸福生活。

作为一名大山里走出来的孩子，刘凯在大学毕业后没有回到山村，而是进入一家公司成为一名销售人员。时光荏苒，很快刘凯作为销售人员已经三年了。和他同时进入公司的那批人里，有的已经成为销售经理，有的已经成为销售主管，只有一个叫刘伟的和他一样没有晋升，但是并非刘伟不够晋升的资格，而是因为他喜欢无拘无束的销售生活。刘伟当然也是有成就的，作为公司销售冠军的他，已经在上海这个房子比金子更贵的地方，为自己购买了一套单身公寓。对此，看着一事无成的自己，刘凯心急如焚。

他不愿意继续这样混日子，于是下定决心要改变自己。曾经，他觉得公司里的很多规定都不合理，且对员工过于苛刻，如今他却以此为标准要求自己，从而帮助自己更加发奋努力。他暗暗告诉自己，别人能做到的，我也能做到。从此，他不再怨天尤人，而是鼓起信心和勇气面对生活与工作。首先，每天去公司之前，他都会对着镜子里的自己说：“我很棒，我很棒，我很棒，我是最棒的！”其次，他不惜花费部分积蓄为自己购置了两身好行头，彻底改变自己的形象。而且，他花了很多钱为自己报了销售培训班，从而从内部提升自己。最后，刘凯决定改变自己木讷寡言的性格，让自己变得乐观爽朗、能够侃侃而谈。为此，他抓住各种机会当着其他人的面说话，终于，他说话的时候再也不脸红了。当然，他还利用各种学习技巧，诸如多提问，诸如偷学等方式，从而多多向其他同事取经。这样一来，在短短的三个月之内，刘凯不但业绩提升迅速，而且整个人都变了。看着如今如同黑马一般的刘凯，上司也给予了他极大的关注。

事例中的刘凯，之所以一直默默无闻，是因为他始终在与公司里的各项规章制度消极对抗。在了解到这些规章制度看似苛刻、实际上对于员工的发展有极大的激励和促进作用之后，已经进行深刻的自我反省、力求进步的刘凯，最终从这些制度中获益。又因为他对自己有额外要求，所以他更加进步神速，在工作上有了出色表现，也赢得了上司的赏识和喜爱。这就是人与环境和解的典型事例。尤其是人在职场，不管公司的规定多么不合理，公司都不会因为个别人感到不满意而改变规章制度。在这种情况下，我们唯有更好地接受，并且顺应形势改变自己，才能在职场的大环境中争取到更好的发展。

在漫长的人生岁月中，我们必然会遇到各种各样的不如意，也要承受形形色色不期而至的灾难。假如我们的心无法坦然面对，总是为此纠结恐惧和不安，那么我们的人生也会从此进入囚牢，使我们再无解脱之日。大名鼎鼎的哲学家、心理学家威廉曾经说过，我们必须接受所发生的一切，才能克服所有的不幸。叔本华也说，唯有接受，我们才能坦然走完人生的旅途。显而易见，环境本身是无辜的，它不能控制和左右我们的心情。但是，一旦我们对于周围的环境发生反应，我们自身的情绪便难免会有波动。由此可见，我们只有控制自己的内心，才能成为自身情绪的主宰，才能真正把握和控制自己的人生。

没有方向的路，走得再多也是徒劳

韩国首尔大学有这样一句校训："只要开始，永远不晚。人生最关键的不是你目前所处的位置，而是迈出下一步的方向。"这句话的含义是，任何理想不经过实践和行动的证明，都将是空想。只要你心有方向，立即行动，任何理想都有实现的可能；相反，没有方向的路，走得再多也是徒劳。

生活中的你，如果留心一下周围那些生活得幸福和愉快的年轻人就会发现，他们现如今的快乐是来源于曾经的努力，当然，这并不是说他们有很多钱，也不是因为他们有更好的房子、工作，只不过是他们能够真正地为实现梦想而努力，知道自己接下来该做什么，怀着最真诚的心去追求自己想要的东西。我们先来看下面一则寓言故事：

曾经，有四个探险队员来到非洲的森林里探险，他们拖着一只沉重的箱子，在森林里踉跄地前进着。眼看他们即将完成任务，就在这时，队长突然病倒了，无力走出森林。在队员们离开他之前，队长把箱子交给了他们，请他们出森林后把箱子交给一位朋友，并告诉他们，他们会得到比黄金重要的东西。

三名队员答应了这个请求，扛着箱子上路了，前面的路很泥泞，很难走。他们有很多次想放弃，但为了得到比黄金更重要的东西，便拼命走着。终于有一天，他们走出了无边的绿色，把这只沉重的箱子交给了队长的朋友，而那位朋友却表示对此一无所知。他们打开箱子一看，结果，里面全是木头，根本没有比黄金贵重的东西，也许那些木头也一文不值。

难道他们真的什么都没有得到吗？不，他们得到了比金子贵重的东西——生命。如果没有队长的话鼓励他们，他们就没有了目标，他们就不会去为之奋斗。从这里，我们可以看到目标在我们追求理想的过程中的指引作用。

追求梦想的过程从来不是一帆风顺的，无数成功者为了自己的理想和事业，竭尽全力，奋斗不息。孔子周游列国，四处碰壁，乃编写出《春秋》；左氏失明后方写下《左传》；孙膑断足后，终修《孙膑兵法》；司马迁蒙冤入狱，坚持完成了《史记》……伟人们在失败和困顿中，永不屈服，立志奋斗，终于达到成功的彼岸。 当今社会，有很多人则往往以失败告终。这是为什么呢？很多人把问题归结于客观方面，比如，时运不济，天资不够等。持这种观点的人，只看到问题，却看不到解决问题的方法；只看到困难，却看不到自己的力量；只知道哀叹，却不去尝试解决问题。这样的人永远也不可能成功。

为此，为成功奋斗的年轻人们，从现在起，你只须树立一个正确的理念，然后调动你所有的潜能并加以运用，你便能脱离平庸的人群，步入精英的行列！你可以记住以下几点：

1.关注未来，不要满足于现状

独具慧眼的人，往往具备人们所说的野心，他们不会为眼前的蝇头小利而放弃追求梦想的愿望，往往是用极有远见的目光关注未来。

2. 为自己拟定各种阶段性的目标与规划

长期目标（5年、10年或15年）：这个目标会为你指引前进的方向，因此，这个目标能否规划好，将决定你很长一段时间内是否在做有用功。当然，长期目标还要求我们不可拘泥于小节。东西离你越远，就显得越不重要。

中期目标（1—5年）：也许你希望自己能拥有房子、车子、升职等，这些就属于中期目标。

短期目标（1—12个月）：这些目标就好比是一场淘汰制的比赛中的各场预赛，它能鼓舞你不断努力、不断前进。这些目标提示你，成功和回报就在前方，鼓足干劲，努力争取。

即期目标（1—30天）：一般来说，这是最好的目标。它们是你每天、每周都要确定的目标。每天，当你睁开眼醒来时，你就需要告诉自己：今天，相对于昨天的自己，我要达到什么样的突破。当你有所进步时，这些突破能不断地给你带来幸福感和成就感。

3.不要把梦停留在“想”上

梦想可以燃起一个人的所有激情和全部潜能，载他抵达辉煌的彼岸。但有了梦想后，不要把“梦”停留在“想”上，一定要制订目标，付诸行动，这样才可以带给你真正需要的方向感。

第10章

靠自己，你完全可以过上自己向往的生活

常言道："靠山，山会倒；靠人，人会跑；唯有自己最可靠。"无数的例子告诉我们，人一生将自身作为的依靠才是最可靠的。每个人都应以自身努力为主，他人帮助为辅，哪怕只能靠自己，你也要过上自己向往的生活。

持续努力，让自己不断增值

现代社会，每年的应届大学毕业生越来越多，堪称人才济济、人才辈出，然而他们之中的大多数还未就业，就已经面临失业的局面，归根结底，并非岗位不够，而是岗位找不到合适的人选，而人选又找不到合适的工作。在这种不平衡的情况下，很多大学毕业生都仓促地找到工作，却又因为对工作不太满意而骑驴找马，一边三心二意地干着现在的工作，一边四处溜达着寻摸合适的工作。所谓合适，无非就是工作清闲薪水高。殊不知，现代社会的每一个岗位都是不养闲人的，倘若真的有清闲的工作，则薪水一定少得可怜，不可能令求职者满意。在这种情况下，越来越多的职场人士抱怨自己薪水太低，也嫌弃老板太过苛刻和小气，无法满足他们对于薪资的要求。

其实，对于职场新人而言，最重要的并非是挣多少钱，在经验积累的阶段，更为宝贵的是学到了多少知识，积累了多少经验，增长了多少见识。所谓磨刀不误砍柴工，倘若我们在这几个方面都有了长足的发展，那么我们的身家也会很快随之增长，自然也就无须介意初期微薄的薪水了。

记住，在抱怨自己挣钱少时，不如先想一想如何让自己更值钱。现代职场，一个萝卜一个坑，我们要想得到公司付出的高薪，就要为公司作出贡献，这样才能让自己的收获和付出形成正比。那么，如何才能让自己变得值钱呢？首先，我们应该保持淡定平和的心。其次，我们还要拥有脚踏实地的态度。现代社会，越来越多的人陷入浮躁，少说话多做事的人越来越少，如果我们能够以实力说话，则一定会让上司刮目相看。再次，我们还要为自己树立榜样，从而不断进步。最后，我们每天都要进行反省，总结一天的工作所得，也激励自己始终保持激情。总而言之，帮助我们自身增值的方式有很多，任何情况下，我们都应该更加努力，这样才能提升和完善自己，才能让自己彰显出实力，成为那个乐意让老板付出高薪的职员。

大学毕业后，丽娜找了好几家公司，参加了好几次面试，才终于得到现在的这份工作。和她一起进入公司的还有她的好朋友丝丝，她们不但是大学同学，而且是好朋友，因而彼此之间无话不谈。工作一段时间之后，丝丝不停地抱怨："咱们的工资也太少了，还没有农民工挣得多呢！每个月交完房租之后，吃饭都成为难题，让人如何活下去啊！"每当这时，丽娜总是安慰和鼓励丝丝："继续加油吧，我听说公司里的很多职位一个月都能挣到五六千呢！我觉得咱们只要保持勤奋上进，不断学习，积累工作经验，薪水肯定也能慢慢提高的。"丝丝却不以为然："那都得是猴年马月的事情了，我可等不及。要不咱们跳槽吧，找份工资高点儿的工作。"丽娜无奈地说：

“但是像咱们这样既非名牌大学毕业，也没有经验，更无背景的毛丫头，真的不好找工作。我决定还是好好干下去，只要我们表现好，也努力提升自己，早晚有一天薪水会涨的。”就这样，丝丝每天都在忙着找工作，四处投递简历，丽娜却稳如磐石，始终利用工作之余的时间努力提升自己，后来终于考取了会计师证书，而且，在公司工作一段时间之后，她积累了丰富的工作经验。

眼看着一年多的时间过去了，丝丝为了多出的几百块钱工资，进入另一家公司工作。丽娜呢，虽然一直都在原来的岗位上，但是因为她的能力越来越强，工作表现越来越好，所以上司给她涨了一千块钱的工资。后来，因为公司财务部主管离职，娜娜居然通过竞聘成功升职为财务部主管，此时她的薪水比起刚开始工作时已经翻了一番，而丝丝却仍在接连跳槽中，工资忽高忽低，根本没有稳定下来。看着丽娜如今的成就，丝丝后悔莫及。

假如觉得自己挣钱少，那么，跳槽只能算是下下策，尤其是当你在一家非常有实力的公司工作，而且有很多同事都拿着高薪时，薪水暂时处于低水平只能说明你的能力还不足以拿到高工资。在这种情况下，一味地抱怨显然于事无补，最好的办法就是把用来抱怨的时间用于努力提升自己，从而让自己变得值钱。水涨船高，一个人自身的价值和他的工作所得一定是成正比的，因此，要想提高薪水，最好的办法就是提升自己，唯有如此，我们才能如愿以偿地得到高工资，也得到职业生涯中更开阔的新天地。

不管做什么事情，我们都应该有目标，即便走出大学校园，走上工作岗位，我们也依然要牢记这一点。对于薪水的提高，对于职业生涯的规划，我们必须非常用心，才能最大限度地发挥自身的能力，帮助自身获得长足的发展。任何时候，我们都要有具有反省自身的精神，这样才能反观自身的优点和缺点，使进步更加快速。

超越自己，升职加薪不是梦

对于每一个职场人士而言，升职加薪都是最现实、也是最迫不及待想要实现的梦。毕竟，在现代社会，尽管金钱不是万能的，但是没有钱绝对是万万不能的，我们除了要谋求职业的发展之外，还要努力获得更多的金钱，这样才能有效提升生活的品质，才能让自己真正实现财务自由，成为不为金钱烦恼的自由人。不过，除非你是为自己打工的老板，否则，你的薪水加不加、加多少，就全由你的老板说了算。在这种情况下，如何实现薪水翻倍的美梦呢?

和几十年前的计划经济中存在很多大锅饭可以混日子不同，我国已经进入社会主义市场经济时代，市场规律发挥着重要作用，这不但对于企业提出了更高的要求，对于我们每个人自身而言，也需要提升自身的能力，才能提高我们对工作的付出、贡献，得到更多的报酬。由此可见，要想让薪水翻倍，我们第一步要做的就是提高自身的能力，包括专业知识、职业素养和综合能力等。其次，要想让薪水翻倍，我们还应该正确认识自己，为自己找到合适的岗位，从而最大限度地发挥我们的特长，这样我们也能因为在工作上的出色表现得到老总的刮目相看。最后，记得曾经有人说过，即使一天辛苦地工作，也未必抵得上说好一句话。尽管这种说法听起来有些偏激，也未必适用于绝对的情况，却很好地告诉我们一个真理，即处理好职场上的人际关系也能对我们的工作起到事半功倍的作用，甚至能够帮助我们顺利赢得加薪。当然，这一点并非本书论证的重点，所以，这里我们主要从如何更加卓有成效地工作谈起。

作为一名三流大学毕业的大学生，小孟并不寄希望于找到一份体面而又高薪的工作，因为他很清楚大城市里竞争激烈、人才济济，根本不缺他这样的大学生，而且有无数人抢破了脑袋找工作。为此，他很理智，对自己的认知也很公正客观。在咨询了从事职业规划工作的表姐意见后，他义无反顾地一头扎进销售行业里。

果然，销售行业对于学历和专业的要求都相对较低。在经过一段时间的历练之后，性格开朗外向的小孟果然在二手房经纪领域表现突出，居然很快实现了自己的期望——月薪五千元。原本，小孟面试的几个文职工作工资都只有两千多，害得小孟一度以为自己眼高手低，把薪酬期望定得太高。没想到，他这么快就实现了自己的薪酬目标。但是，当看到公司里的很多金牌销售、王牌销售都月薪过万时，小孟又开始心里长草了。原来，他的期望月薪已经升为一万元，而且他又给自己定了个目标——当销售主管。

又经过一年的努力，小孟和一年前的自己早已不可同日而语。此时的他已经成为拥有十人团队的主管，而且名片上俨然写着“销售经理”。现在的小孟又给自己制订了新的目标，而且对于实现目标有了更加清晰准确的规划，相信他一定更能够很快完成心愿。

在这个事例中，小孟在短短的一年多时间里实现几连跳，不但职位晋升，薪水也水涨船高，足足比之前面试的月薪翻了五倍之多，实在令人刮目相看。不得不说，小孟是一个对于人生非常有创意也很有想法的人，最重要的是他还具有向着目标不断奋进的恒心和毅力。正因为如此，他才能距离自己的梦想越来越近，他的人生道路才会越走越宽。

尽管对于很多人而言，一年薪水翻五倍是个不可企及的梦，但是这个梦在少数佼佼者那里并不是遥不可及的，而是完全有可能实现的。只要我们向着目标坚持不懈地努力，而且时刻把梦想记在心里，我们就会拥有更多的力量和强劲的动力，也就能更快地实现目标，不断地超越和突破自我。

简单的事情做到极致，才能获得成功

如今，很多同学从大学毕业之后，会在五年或者十年的时候举行毕业聚会。五年聚会尚且还好，也许大多数同学并没有明显的变化，但是等到十年聚会的时候，原本处于同一起跑线上的同学已经有了明显的分化，有些同学成为专业人才，有些同学成为销售能手，有些同学已经开创了自己的事业，成为事业有成的小老板，当然也有些同学在单位里默默无闻，十年如一日，毫无变化……

毋庸置疑，十年对于原本青春年少的同学们而言，就像是一个分水岭。十年之后，面对着昔日的同窗好友，我们惊讶万分，也在意料之中，还有的人则完全超出了我们的想象，都说造化弄人，其实时间才是一把杀猪刀啊！记得第一次参加十年同学聚会时，当时班级里学习非常好的尖子生，除了一个出国了之外，其他的都老老实实干着本职工作呢！至于那些调皮捣蛋的孩子，则全都八仙过海，各显神通，已经把人生折腾得面目一新了。那么，到底是谁成为班级里潜在的富豪呢？也许有年轻有为的，如今已经成了千万富豪了。不得不说，生活就像一个大染缸，染上什么颜色，完全凭借我们的心意。

作为一名高中毕业生，彭勇是如何成为千万富翁的呢？其实，从初中时起，彭勇就毫不起眼，任何时候都坐在班级的最后面一排，站队也是站在队尾，貌似没有什么惊人之处，但是，在初高中的几十名同窗中，偏偏就是他成为了千万富翁。和他相比，那些一直都是佼佼者的尖子生同学，或者出国，或者成为高级打工仔，无一人有彭勇的成就与潇洒气度。

原来，彭勇高中毕业后和父亲一起在自家的厂子里干活，父亲主持大局，他则负责做些具体的事物。一天，彭勇和父亲一起去外地出差，父亲独自外出时不小心出了车祸，当场丧命。如此一来，不管是厂子里的事情还是家里的事情，全都压在了彭勇的肩膀上，看着心力交瘁的母亲，他更是暗暗告诉自己：我必须行！就这样，彭勇鼓起勇气，在朋友的帮衬下，熬过了最艰难的时刻，把厂子办得风生水起。在大多数同学都在读大学的年纪，他已经成为家和厂子的坚强支柱，也因为政策扶持，他把厂子越办越好，居然成为当地最大的实业。看到彭勇今日的成就，同学们纷纷羡慕不已。

彭勇的经历听上去也许并不传奇，有人甚至会说他就是赶上了好时候，摊上了好政策，所以侥幸获得成功。其实，成功从来不会从天而降，彭勇之所以能够获得成功，一则是生活给予了他巨大的压力，二则是因为他花费了更多的时间来从事看似简单、毫无技术含量的工作。尽管高学历如今已经成为很多工作的敲门砖，但事实是有的时候成功与学历真的没有必然的联系。我们唯有认真专注地做好每一件事，尤其是要把简单的事情做到极致，这样才能最终获得成功。

朋友们，人生的奇迹并非从天而降，成功并非遥不可及。

只要我们怀着真诚灼热的心和对梦想的执着，坚持把简单而又平凡的事情做到伟大，成功也就触手可及了。

鼓起勇气，下一个老板就是你

近些年来，随着毕业的大学生越来越多，应届大学生就业的形势也越来越严峻。很多大学生怀揣着在象牙塔里织就的梦想来到社会上，却处处碰壁，连一份像样的工作都找不到。对于心理脆弱的一部分大学生来说，难免会因此受到很大的打击。多年寒窗苦读，好不容易熬到大学毕业要回报社会、回报父母——至少要自己养活自己，却找不到合适的工作，这是多么深重的打击啊！于是乎，很多大学生开始自主创业。随着阿里巴巴的崛起，无数大学生选择回到家乡开淘宝，把家乡的土特产或者是唾手可得的商品用网络推送到全国各地。随着网购的热潮，相当一批大学生获得了成功，不管是在经济方面，还是在经验方面，他们都得到了比去给别人打工更多的收获。还有一些大学生，内心非常强大，找不到合适的工作，就去养猪卖猪肉，毕竟，多年寒窗苦读之后，科技含量总比传统饲养户更高一些吧，思路的打开也会使得他们的销路突破传统销路吧？的确，有一些人大获成功了，甭管是养猪还是养鸡养鸭，抑或是养花。

难怪人们常说，凡事就怕用心。打个夸张的比喻，如果你一门心思地用心去做，即使收破烂，估计也能出人头地。对于大学生而言，最重要的是能否平静地接受理想和现实的差距。有些大学生，毕业之后只能留在大城市当个最底层的白领，一个月挣个三两千，住着群居房，挤着公交和地铁。可即便如此，他们也不愿意放下身价去创业或是从最卑微的行业做起。一则，他们心里的梦想太高远，二则，他们的自尊让他们不好意思从事卑微的行业，另外一个最主要的原因是，害怕失败。如果有人告诉一个大学生，“你去收破烂吧，我保证你五年以后身价千万，大获成功”，他还会那么抵触吗？只怕他会屁颠屁颠地去。正是因为没有人给他这样的保证，所以他害怕一辈子收破烂，所以他不敢去尝试别样的未知的生活。只是他忘记了，巨大的风险之后隐藏着巨大的收益，那份收益是成功的希望。这样的风险投资，对于有些人来说是资金的投入，对于大学生而言，是勇气和时间的投入。只要勇敢地迈出这一步，也许不会大获成功，但是肯定会收获很多经验。只要勇敢地迈出这一步，也许不能像小白领一样旱涝保收，却有极大的可能获得成功。这就是风险与机遇的并存。

王强大学毕业后，接近半年没有找到合适的工作。他看得上眼的公司，没有聘用他，给他发面试通过通知的公司，都是小公司，他根本不想去。思来想去，他决定自己创业。在和父母商量之后，父母愿意拿出五万块钱来给他作为运转资金，不过前提条件是，他必须认真考察市场，并且做出可行性报告。得到父母的首可之后，王强用两个月的时间马不停蹄地考察市场，最终决定开一个“台湾手抓饼”店。他考察了几十家店，发现生意都不错。因此，他决定在自己的大学附近开一家这样的店。而且，这样的店只需要十个平方左右，成本也比较低。

可行性计划书在父母那里通过后，王强就开始租店面、装修、去总部学习做法和配方。两个月之后，他的小店顺利开张了。第一天，王强凌晨四点就起床了。他紧张而又激动地等着第一个顾客上门。五点多的时候，生意来了——是一个路过的白领，她看着王强笨拙的动作，非常友善地笑了笑。一回生，两回熟，一天下来，王强已经是一个游刃有余的小老板了。每天下午四五点钟时，王强简直忙死了，他的店门口排起了长龙队。半年之后，王强就用自己赚到的钱在附近的大学门口开了第二家连锁店。从那时起，王强就是真正意义上的老板了。五年的时间里，他在很多大学门口都开了连锁店，真正把生意做大做强了。

现在，王强不但开展直营连锁店，还打造出了自己的品牌，也开始招加盟连锁。加盟连锁之后，他的公司发展更快了。每年，仅仅给加盟连锁商供货，他的利润就达到了几百万。当然，他是想做长远的。每一家加盟连锁的小店，他都会亲自考察，还会不定期检查已经加盟的商户。和那些大学毕业后去给别人打工的同学相比，王强的成功无疑是巨大的。

虽然儿子是个卖手抓饼的，每张饼也就是几块钱的生意，但是王强的父母逢人就会骄傲地说：“我儿子是个小老板，生意做得特别好！”

很多时候，只要迈出了第一步，剩下的就是水到渠成。当然，这第一步非常重要。对于很多想要自主创业的大学生而言，最重要的就是选择好创业项目。因为大学毕业生没有资金积累，所以像王强这样选择小本经营、人气旺盛的项目就挺好。很多大学生在创业之前也许会有很多顾虑，觉得大学毕业之后不从事一个体面的工作似乎很丢人，其实现代社会崇尚能力，不管你做什么，只要是凭本事吃饭，没有人会小瞧你的。另外，创业的时候也不能急攻冒进，一步一个脚步、稳扎稳打是最重要的。

鼓起勇气吧，下一个老板就是你！

把自己当老板，才有机会做真正的老板

生活中，除了少部分人自己创业当老板之外，大多数人都是给别人打工的。然而，不管是自己当老板也好，还是给别人打工也好，无一例外，都要有老板心态。何为老板心态？从贬义的角度来说，是把自己放在高高在上的位置上，以老板自居，对别人颐指气使，自己闲着当老板，却指使得别人团团乱

转。现代社会，老板心态已经不再仅仅是贬义的。在现代职场上，老板心态指的是一种大处着眼、小处着手的精神，是一种高瞻远瞩的实干精神。

只有具备老板心态的人，才能干些实事，以身作则，带着手底下的人脚踏实地，拼搏奋斗。对于给别人打工的人来说，也应该怀抱着老板心态。只有这样，才能把老板的钱当自己的钱，把老板的事当自己的事，切实把工作做好。有老板心态的员工，即使只是做着最简单的工作，如秘书、收银员、仓库保管员等，也能干出与众不同的成绩。有着老板心态的人，还具有一定的责任感、使命感，他们以最严肃认真的态度，做最小的事情。这样的人，不是真的老板，却是真正意义上的老板。因为，他的心态，他的素质，都是老板才会具备的。不管他最终当不当老板，都必定能够做出一番事业。

在职场上，之所以真正拔尖的人很少，就是因为大多数人都不具备老板心态。职场上大多数人之所以庸庸碌碌，就是因为他们始终把自己和老板分得很清楚。大多数的职场人士都觉得自己是在帮老板打工，看到老板挣钱了，有的人还会“眼红”，觉得老板之所以挣钱就是因为有他。殊不知，地球离了谁都照转。没有他，老板也还是照样赚钱。这样的人把自己看得太重，看得不可或缺，只想到是他成全了老板，却没有想到是老板搭建的平台成就了他。

李杜和赵刚是同一个部门的小职员。他们进来公司后，干着相同的工作。他们每天的工作都很琐碎，如处理各个部门的报表，进行货物的调配。对于这份工作，李杜早就抱怨不休了。他觉得，自己一个大学毕业生，做这种没有技术含量的工作，简直是屈才。赵刚呢，比较内向，话也少，总是闷不吭声地干活，很少发牢骚。

去年，公司的销售业绩非常好，销售部门很多的同事都拿到了大额奖金，而李杜和赵刚因为是在后勤，只拿到了象征性的一点儿奖金。对此，李杜更加忿忿不平了。赵刚却说："没关系，虽然奖金少，但是我们经过这一年的工作，有了很多收获啊！现在，对于公司在全国各个城市的销售额，我们都有了一定的了解，这可不是人人都知道的商业机密啊！"赵刚半开玩笑的调侃话并没有平复李杜的心情，拿完年终奖没几天，李杜就辞职了。他还鼓动赵刚："赵刚，你也跟我一起辞职吧，看看如果没有咱们俩的配合，销售部的人还怎么调货！"赵刚摇摇头："我对这份工作刚刚熟悉一些，还是先不动了，我想在这个岗位上再做几年，这样，我会对全国的营销和供货情况都有一定的了解。"

李杜辞职后，公司又招来一个大学毕业生，作为赵刚的副手，配合赵刚一起负责全国调货。几年之后，随着公司的发展越来越好，公司专门成立了相关部门，而赵刚则是当之无愧的部门主任。又过了几年，赵刚因为对公司在全国的部署非常熟悉，居然被破格被提拔为华东地区运营总监，负责整个华东地区的运营。而李杜呢，其间又换了好几家公司，活儿干得没多好，还总是不停地抱怨，觉得自己的付出没有得到回报。时至今日，他依然是个小职员。

赵刚和李杜的命运之所以差异如此巨大，就是因为心态不同。李杜始终把自己当成一个给老板打工的，时时处处都觉得自己做得多、得到得少。而赵刚呢，能够积极地调整自己的心态，看到公司提供给自己的平台，除了有经济上的收获之外，还有很多经验的积累，并且有难得的机会可以了解公司在全国的营销和调货情况。所以，赵刚才能抓住机会，成就自己。

在千军万马齐过桥的职场上，每个人都八仙过海，各显神通。然而，职场是很残酷的，虽然有个别人可以靠着特殊的关系一步登天，但是大部分人都要凭借真本事。职场中的优秀者之所以凤毛麟角，就是因为真正把自己当老板的人太少。他们当一天和尚撞一天钟地潦草度日，怎么可能把工作做成事业呢？真正的聪明人，即使现在还不是老板，也会把自己当老板。因为，只有把自己当老板，你才有可能有朝一日变成真正的老板！

第 11 章

勤于思敏于行，则成功可期

生活中，许多事情成功与否常常取决于你是谨慎小心还是鲁莽草率。有些人之所以总是失败，就是因为缺乏思考。你应先了解要做什么，然后去做，跳出思维的惰圈，勤于思敏于行，则成功可期。

善于思考，成功将不期而遇

在任何关键的时候，正确的想法都是解决问题的唯一途径。想法是大脑的活动，人的一切行为都受它的指导和支配。想法虽然看不见、摸不到，但它真实地存在着。有什么样的想法，就会有什么样的命运。在现实生活中，我们常听人说，“我一天到晚都很忙，忙得都没有时间去想。”然而，就是“没时间去想”这五个字，成为成功与失败的分水岭。平庸的人只知道“埋头拉车”，而那些睿智的人则会努力想出解决事情的最好方法。纵览名人的成功史，你会发现，所有伟人的成就在开始时都不过只是一个想法罢了。

有一位才华横溢的年轻画家，早年在巴黎闯荡时一直默默无闻、一贫如洗，连一张画都卖不出去，因为巴黎画店的老板只寄卖名人的作品，年轻的画家根本没机会让自己的画进入画店出售。

但是，这一天，画店来了一位顾客，向老板热切地询问有没有那位年轻画家的画。画店老板拿不出来，最后只能遗憾地看着顾客满脸失望地离去。

在此后的一个多月里，不断有顾客来店里询问是否有年轻画家的画，画店的老板开始为自己的过失感到后悔，迫切地渴望再次见到那位如此“有名”的画家。

就在老板十分焦急之时，这位年轻画家出现在了画店老板的面前，他成功地拍卖了自己的作品，并因此而一夜成名。

原来，当这位画家兜里只剩下十几枚银币时，他想出了一个聪明的方法：他用钱雇佣了几个大学生，让他们每天去巴黎的大小画店四处转悠，每人在临走的时候都要询问画店的老板：有没有这位画家的画?哪里可以买到他的画?

这个充满智慧的年轻画家便是毕加索。

金子不是在哪里都会发亮的，譬如，当它还埋在沙土中的时候；同样，也不是每一位有才华的人就一定会飞黄腾达，当机遇没有来到的时候，怨天尤人也无济于事。这时，我们不妨学一学毕加索，动一动脑筋，想一个聪明的办法来创造自己的机遇。如此，成就说不定也就不期而至了。

这一天，日本松下公司准备从新招的三名员工中选出一位做市场策划，于是，对他们进行上岗前例行的“魔鬼训练”，予以考核。

公司将他们从东京送到广岛，让他们在那里生活一天，按最低标准给他们每人一天的生活费用——2000日元，最后看他们谁剩的钱多。

第一位先生非常聪明，他用500日元买了一副墨镜，用剩下的钱买了一把二手吉他，来到广岛最繁华的地段——新干线售票大厅外的广场上，扮起了“盲人卖艺”，半天下来，他的大琴盒里已经是满满的钞票了。

第二位先生也非常聪明，他花500日元做了一个大箱子放在最繁华的广场上，箱子上写着“将核武器赶出地球——纪念广岛灾难四十周年暨为加快广岛建设大募捐”。然后，他用剩下的钱雇了两个中学生作现场宣传讲演，还不到中午，他的大募捐箱就满了。

第三位先生像是个没头脑的家伙，或许他太累了，他做的第一件事是找了个小餐馆，要了一杯清酒、一份生鱼、一碗米饭，好好地吃了一顿，一下子就消费了1500日元。然后，他钻进一辆被废弃的丰田汽车里美美地睡了一觉……

广岛的人真不错，第一位和第二位先生的“生意”都异常红火，一天下来，他们为自己的聪明和不菲的收入暗自窃喜。谁知，傍晚时分，厄运降临到他们头上——一名佩戴胸卡和袖标、腰挎手枪的城市稽查人员出现在广场上。他摘掉了“盲人”的眼镜，摔碎了“盲人”的吉他；撕破了募捐人的箱子并赶走了他雇的学生，没收了他们的“财产”，收缴了他们的身份证，还扬言要以欺诈罪起诉他们……

当第一位先生和第二位先生想方设法借了点路费，狼狈不堪地返回松下公司时，已经比规定时间晚了一天，更让他们脸红的是，那个“稽查人员”已在公司恭候！原来，他就是那个在饭馆里吃饭、在汽车里睡觉的第三位先生，他的投资是用150

日元做一个袖标、一枚胸卡，花350日元从一个拾垃圾的老人那儿买了一把旧玩具手枪和一副化装用的络腮胡子。当然，还有就是花1500日元吃了顿饭。

从上面这个案例中可以看出，在正式努力之前，拥有绝妙的想法相当重要。有的人非常努力，却收效甚微，他以为是天分的问题，却从来不思考是不是努力的方式出现了问题，即在努力之前，根本没有想出可行的想法，就盲目努力，最终他当然无法达成既定目标。

年轻人，永远做有想法的人吧。没有做不到的，只有想不到的。对于敢“想”、会“想”的人来说，这个世界上不存在困难，只存在着暂时还没想到的方法，而方法终究是会想出来的。所以，对于有想法的人来说，一切困难都会止步于他们的脚下，而成功则会大步流星地向他们走来。

打破单一，思路一变天地宽

我们都知道，高山之巅是每个登山者的目的地，然而，很多时候，有些登山者会执迷于一条常规的登山之道，曲折的山路固然会让登山者迷路，可是，若固执的登山者始终坚持那条常规的登山道，那么就很容易忽略了一路的风景。假如另辟蹊径的话，登山者看到的就是另一番风景。这告诉年轻人，善于打破常规思维，换一种思维方式，就会获得不同的成效。

对于每个为梦想奋斗的人来说，谁都希望自己在人生的路上少走一些弯路。可是，世间事物千奇百怪、变化莫测，现代社会更是瞬息万变，人生之路走得是否顺畅，要看你是否能打破单一的思维方式，从另一个角度去思考问题。倘若如此，一切就会豁然开朗。

的确，思路一变天地宽，很多时候，在看似无路可走的情况下，只要你能转换思考的角度，你就能找到出路。

我们来看下面一个故事：

从前，有个理发师傅收了一个徒弟。徒弟学艺 3 个月后出师了。师傅让他正式上岗。他给第一位顾客理完发，顾客照照镜子说："头发留得太长。"徒弟不语。师傅在一旁笑着解释："头发长使您显得含蓄，这叫藏而不露，很符合您的身份。"顾客听罢，高兴而去。

徒弟给第二位顾客理完发，顾客照照镜子说："头发留得太短。"徒弟不语。师傅笑着解释："头发短使您显得精神、朴实、厚道，让人感到亲切。"顾客听了，欣喜而去。

徒弟给第三位顾客理完发，顾客边交钱边嘟囔："剪个头花这么长的时间。"徒弟无语。师傅马上笑着解释："为'首脑'多花点时间很有必要。您没听说么，进门苍头秀士，出门白面书生！"顾客听罢，大笑而去。

徒弟给第四位顾客理完发，顾客边付款边埋怨："用的时间太短了，２０分钟就完事了。”徒弟心中慌张，不知所措。师傅马上笑着抢答：“如今，时间就是金钱，‘顶上功夫’速战速决，为您赢得了时间，您何乐而不为？”顾客听了，欢笑告辞。

故事中的这个师傅能说会道，很善于换一个角度陈述问题，几种截然不同的情况下，都能帮助徒弟“转危为安”，从而使徒弟摆脱了尴尬，让顾客满意离去。

某时装店的经理不小心将一条高档呢裙烧了一个洞，其身价一落千丈。如果用织补法补救，也只是蒙混过关、欺骗顾客。这位经理突发奇想，干脆在小洞的周围又挖了许多小洞，并精于修饰，将其命名为“凤尾裙”。“凤尾裙”一经推出，立即受到热捧，该时装商店也出了名。

这就是思维的变化带来了可观的经济效益。无跟袜的诞生与“凤尾裙”异曲同工。因为袜跟容易破，一破就毁了一双袜子，所以，商家运用逆向思维，试制成无跟袜，创造了非常良好的商机。

可见，我们每个人，都应该学会转换思维，如果一味地走别人走过的老路、毫无创新的话，那么，你也只能复制出别人的曾经，且是已经过时的曾经；而如果你寻找到属于自己的路，那么，你的未来就是美好的。事实上，无论做什么，都是这个道理，都要有灵光的头脑，善于创造性思维，不能钻牛角尖。

有一家大公司的董事长即将退休，他想物色一位才智过人的接班人。经过一段时间的观察，他最后挑出了两位人选——约翰和吉米。因为他们都很精通骑术，老董事长便邀请二位候选人到他的农场做客。当他们到来时，老董事长牵着两匹同样好的马走了出来，说："我知道你们二人都很善于骑马，这有两匹很好的马，我要你们比赛一下，胜利者将成为我的接班人。"

他把白马交给了约翰，把黑马交给了吉米。这时，老董事长开始宣布比赛的规则："我要你们从这儿骑马跑到农场的那一边，然后再跑回来。谁的马跑得慢，也就是后到目的地，谁就是胜利者。"

听了这话，约翰突然灵机一动，迅速跳上了吉米的黑马，然后快马加鞭地向前急驰而去，他自己的马则留在了原地。吉米觉得约翰的举动很奇怪："咦，他怎么骑了我的马呢？"当他终于想通了是怎么一回事时，已经太晚了。他的黑马遥遥领先，无论怎样追也追不上了。

结果，吉米的马最先到达终点，他输了。

老董事长高兴地对约翰说，"你可以想出有效的创新办法，能出奇制胜，证明你有足够的才智来接替我的位置，我宣布，你就是下一任董事长了！"

其实，人的智商是没有多大差别的，关键在于谁更能运用自己的思维，在于谁能将问题转换到另一个角度。会思考的人才是最终的赢家。故事中的约翰就是个善于打破常规思维的人，他用逆向思维赢了吉米。

因此，我们任何人都要要经常开动自己的脑筋，在生活中要勤于思考、善于变通，对于别人解决不了的问题，可以换个思路去解决；对于别人想不到的事情，我们要努力想到并实现。会变通的人才能在通往成功的路上排除万难，最终获得成功。

总之，我们生活中的每个人都要明白，很多时候，换一条路，我们会看不见不一样的风景。现在的你也许怀揣满腔抱负，希望可以有所成就，那么，你千万不要狭隘地认为成功靠的是努力，努力就有收获。诚然，一个人的成功要靠努力，可是不用大脑的努力是不会迎来成功的。其实，有时候，只要稍微转换一下思维方式，问题的解决根本没有那么麻烦，这就是思维决定命运。

勤于思考，方法总比问题多

很多人在生活和工作中习惯于将一些借口挂在嘴边，以掩饰自己的懒惰、平庸、无能。就如小时候，每当我们不小心摔倒后，第一个念头就是找找看是什么东西绊了我们的脚。我们总是怪别人乱放东西，尽管那样做对于疼痛的减轻并没有直接效果，这也不是自己跌倒的直接原因，但能找到一个可以责怪的对象多少算是一种安慰，可以证明自己没有责任。

多年以后，当我们肩上的担子更加沉重，当挫折接二连三出现时，我们也总是会不自觉地找出许多客观原因来开脱自己，实在找不到原因时就说自己的命不好。我们并不认为这样开脱自己其实是一种绝对的幼稚，因为我们总在想方设法地一次又一次欺骗自己。仔细想想，为什么你收获很少，至今仍无法按照自己的意愿生活呢？是否因为你总是习惯于失败、有借口地去失败，而缺少寻找方法、开拓思路的勇气呢？

张三和李四同时受雇于一家店铺，拿同样的薪水。一段时间过去了，张三青云直上，李四却原地踏步。李四想不通，老板为什么会如此厚此薄彼？

有一天，老板对李四说："你现在到集市上去一下，看看今天早上有卖土豆的吗。"不一会儿，李四回来了，向老板汇报说："只有一个农民拉了一车土豆在卖。"老板又问："有多少？"李四没有回答，而是赶紧又跑到集上，然后回来告诉老板："一共40袋土豆。"老板继续问道："价格呢？"李四委屈地回答："您没有让我打听价格。"

这时，老板把张三叫来，说道："张三，你现在到集市上去看一下，看看今天早上有卖土豆的吗。"张三很快就从集市回来了，他向老板汇报说："今天集市上只有一个农民卖土豆，一共40袋，价格是两毛五分钱一斤。我看了一下，这些土豆的质量很不错，价格也很便宜，于是顺便带回来一个让您看看。”张三一边从提包里拿出土豆，一边说：“我想这么便宜的土豆一定可以挣钱，根据我们以往的销量，40袋土豆在一个星期左右就能全部卖掉。而且，咱们全部买下来的话可以适当优惠。所以，我把那个农民也带来了，他现在正在外面等着你回话呢！”

看完这个事例，我们都明白了为什么张三和李四有如此不同的待遇。李四只懂得蛮干，结果，却是吃力不讨好。而聪明的张三则很懂得调整做事的方法，他更擅长观察、思考和总结，结果，三两下就把事情做完了。

“方法总比问题多”，在遇到困难时，智者通常会这样鼓励自己，他们对拥有种种借口的愚者往往嗤之以鼻。不会思考、只会退缩的人，注定难成大事。年轻人在社会上打拼，做任何事情，都不能拖拖拉拉、总有借口，一定要看清摆在自己面前的各种利弊，学会变化角度，从最有利于自己的地方开始突破，这样才有助于把事情办成。

世界著名的成功学大师拿破仑·希尔曾著过《思考致富》一书。为什么是“思考”致富，而不是“努力工作”致富？希尔强调，最努力工作的人最终绝不会富有。如果你想变富，你需要“思考”，独立思考而不是盲从他人。成功者最大的特质就是他们的思考方式与别人不同，他们做事时能想出更多更为合理的方法。

某些年轻人看到别人做出不凡的成就时，往往会认为他们是起点高或者天生走运，却很少会想到这是那些人善用脑力的结果。善于思考的人善于改变，思考对于行动，是“磨刀不误砍柴功”，将自己的现状、前景和方向分析得很透彻的人，远远胜于所有盲目奔波的人。

习惯性拖延会阻断你的行动力

在我们每天的生活中，很多人总是在上演拖延的戏码。那么，拖延为什么会发生，又会在什么情况下发生？对这些情况了解得越多，越有助于我们克服拖延症。我们也知道，多数拖延症的产生，是因为拖延心理在作怪，拖延者总是会给自己找各种各样的理由，比如：我不知道为什么要去做这件事；太难了；万一失败了怎么办；我肯定不行；我想做得更好点；我为什么要听他的；我不知道该怎样处理和她的感情……这些只是拖延者的最终心理，在事情开始的阶段，他们也有着美好的愿望，但随着时间的推移，他们的心态也发生了变化，最终，他们还是没将事情完成或者高效地完成。影响他们未完成的因素有很多，这是一个恶性循环的过程，被我们称为“拖延的习惯性怪圈”。

当然，每个人拖延过程的周期长短是不一的，但大抵情形都是从一个美好的愿望开始，然后到一个失望的结局。如果在过去的几年、一年或者几个月内，你都陷在这个怪圈内，找不到跳出来的出口，那么，你有必要对这个怪圈进行更深层次的了解。

1.“这次我想早点开始”

刚开始的阶段，我们往往充满自信，认为自己这一次一定能做到，于是，在着手做这件事之前，我们用这句话给自己打气。我们认为自己一定会按部就班地将这一任务完成。尽管你也明白，你不可能马上就做好这件事，这需要时间，但你还是相信：无论如何，我会努力。也许只有在经过一段时间后，你才会认识到自己正在逐步远离这一愿望。

2.“赶紧开始吧”

事情开始的最好时机已经过去了，实际上，你没有认识到自己原来美好的愿望已经不复存在了，但你还是会安慰自己，如果开始还是来得及的，所以，你对自己说：“赶紧开始吧。”虽然你也有了焦虑的情绪，压力也正向你走来，但你明白，时间还早着呢，不必太担忧。

3.“我不开始又怎么样呢”

又过了一段时间，你还是没有做手上的事。现在，盘旋在你脑海中的已经不是那个最初的美好愿望的开端了，也不是那份会让你焦虑的压力了，而是对于是否能完成的忧虑。一想到自己可能完成不了，你开始害怕起来，然后还有一连串的想法：

A.“我该早点开始的。”你明白自己已经浪费了太多时间，你不断地责备自己，你在想，如果早点开始就好了，但我后悔也没什么用了。

B.“做点其他事吧，除了这件……”在这个阶段，你确切地知道自己该做什么事，而你却在逃避这件事，反而去寻找其他一些可以替代的事，如整理房间、按照新食谱去饮食，这些事情在从前并没有那么吸引你，但现在，你狂热地喜欢上了它们，因为这样你能获得一些心理安慰，“瞧，至少我做成了一些事情！”你甚至会产生一种错觉——你原本并没有做到的事也会因为这些事的完美完成而增色不少——当然实际情况并非如此。

C.“我无法享受任何事情。”已经被你拖延了的事始终萦绕在你的心头，你也希望通过其他一些事来转移自己的注意力，如看电影，做运动，与朋友们待在一起，或者在周末去做徒步旅行，但实际上，你根本无法享受这些活动带来的快乐。

D.“我希望没人发现。”时间已经过去很久了，但事情仍旧一点眉目也没有。你不想让他人知道你现在糟糕的状况，所以你会寻求其他种种方式来掩护。你让自己看起来很忙，即使你并未在工作，你也会努力营造一种假象，或许你会避开同事们、离开办公室等，表面看起来，你在为原本的工作忙碌，但只有你的内心知道，事情已经被延误了。

4.“还有时间”

此时，虽然你觉得内心愧疚，但你还是抱着还有时间完成任务的希望，还是希望会出现能完成任务的奇迹。

5.“是我的问题”

此刻你已经绝望了。因为你深知，不但原本的美好愿望没有实现，就连最后希望出现的奇迹也未出现。你的愧疚和后悔都无济于事，你开始怀疑自己：“是我……我这个人有毛病！”你可能会感觉到：是不是在某些方面做得不到位，或者缺了什么，比如，自制力、勇气或运气等，为什么别人能做到呢？

6.最后的抉择：做还是不做。

到了这个时候，你只有两个选择了：背水一战或干脆不开始做了。

选择之一：不做

“我无法忍受了！”内心巨大的压力让你实在难以忍受了，另外，剩下的极少的时间也表明，即便立即开始做，希望也十分渺茫。于是，你干脆告诉自己：“算了，放弃吧。”并且，你还会自我安慰：“反正都没用了，何必庸人自扰呢？”最后，你逃跑了。

选择之二：做——背水一战

A.“我不能再坐等了。”此刻，压力已经变得如此巨大，你已经认识到时间的重要性，你这样告诉自己——“哪怕一秒钟也不能浪费了”。你后悔自己浪费了时间，你感到哪怕最后搏一把也比什么都不做强得多，于是，你决定再努力一把。

B.“事情还没有这么糟，为什么当初我不早一点开始做呢？”你对事情的难易程度又作了一次评估，你惊讶地发现，虽然它很困难，却也没想象中的那样痛苦，而且，最重要的是，现在的你已经着手在做了，这让你觉得充实很多，你也为此松了一口气。你甚至找到了其中的乐趣，所有你所受的折磨看来根本是不必要的，“为什么当初我没有上手做呢？”

C.“把它做完就行了！”离原本胜利的目标不远了，事情马上要做完了。你从未觉得时间如此重要，你不容许自己浪费一分一秒。这就好比一场冒险游戏，当你沉浸其中，发觉时间不足时，已经没有任何多余的时间去进行计划、思索了，你把所有精力都放到了如何将这件事完成上，而不是仍想着将事情做到最好。

懒惰会使一个人一事无成

一个人的成败跟他是否勤勉有重要关系。如果一个人是勤奋的，那么他就拥有了成功的机会；如果一个人是懒惰的，那么他就一定不会成功的。人们通常认为，勤勉和成功是互相制约的，经常会有很多人因为自己的勤勉而成功，但很少有人因为懒惰而成功。虽然你的勤劳并不一定会给你带来成功，但是无论如何，每个人都要辛勤工作，因为这是获得成功的最基本的条件。《圣经》中有两句话：“流泪撒种的，必欢呼收割。”“那流着泪出去的，必要欢欢乐乐地带禾捆回来。”远古的时候，人们为了生火，要花很长的时间去摩擦木头或者石头；要吃果实，就要爬到很高的树上去摘。而如果能够成功地生起一堆火，能够成功地摘得果实，那么成功背后一定有辛苦。

《羊皮卷》这样劝告世人：“最难受的工作是无所事事，最愉快的工作是人们忙于工作。”成功学家巴菲特崇尚工作，他十分讨厌整天无所事事、到处游走，那是令他觉得很难受的事情，而整天勤勉甚至紧张的工作才是他所喜欢的。巴菲特成功秘诀之一就是努力培养自己勤勉的习惯，因为那是成功的关键，而正是这种“成事在于勤，谋事须忌堕”的精神成就了巴菲特的成功。

哈德良皇帝看见一个老人正在努力种植无花果树，于是，他问老人道：“你是否期望自己能够享受果实呢？”

老人回答说：“如果我不能活到吃无花果的时候，我的孩子们也将会吃到。或许上帝会因此特赦我。”

“如果你能够得到上帝的特赦，吃到这棵树的果实，那就请你告诉我。”皇帝对他说。

随着时间的逝去，果树果然在老人的有生之年结出了果实，老人装了满满一篮子无花果去见皇帝。见到皇帝，他说：“我就是你看见过的那个种无花果树的老人，现在无花果成熟了，这些无花果是我的劳动成果。”

皇帝命他坐在金椅子上，把他的篮子里装满了黄金。可皇帝身边的仆人表示反对：“您想给一个老犹太人那么多荣誉吗？”

皇帝回答说：“造物主给勤劳的人以荣誉，难道我就不能做同样的事吗？”

皇帝说得很对，上帝和人们通常都是把奖赏给那些勤勉的人。因为老人的勤劳，所以他得到了上帝的特赦，在自己的有生之年吃到了无花果。在犹太人看来，懒惰将会使一个人一事无成，所以他们选择了勤勉，只有勤勉的人才会尝到胜利的果实。

美国作家斯蒂芬·金在一年之中的每一天里，几乎都重复着做同一件事：天刚刚亮，就伏在打字机前开始一天的写作。他是国际上知名的小说大师，然而他的经历非常坎坷，他曾经潦倒到连电话费都交不出，电话公司因此掐断了他的电话线。后来，他成了世界上著名的恐怖小说大师，每天约稿不断，经常是一部小说还在他大脑里的构思着，出版社就将高额的定金给他了。

现在，斯蒂芬·金也算是世界名人了，但是他依然在勤奋的创作中度过每一天。他的秘诀很简单，只有两个字：勤奋。一年之中，他仅有三天的时间不写作：生日、圣诞节、美国独立日。在他看来，勤奋工作给自己带来的最大好处是源源不断的灵感。

以聪明闻名于世的犹太人在孩子们小时候就开始培养他们勤勉的习惯，这有利于孩子们更早地意识到勤勉的作用。他们会明白，如果你很懒惰，那么就什么也得不到；如果你是个勤奋的人，就能够得到奖赏。从小树立起来的观念，让他们在成长的路途中更懂得怎么认真地去做每一件事。

韩愈曾说："业精于勤荒于嬉，行成于思毁于随。"一个人要想成就一番事业，一定要守住"勤"字，忌掉"惰"字。面对你的生活或者事业，你用什么样的态度来付出，就会得到什么样的回报。如果你以勤付出，回报你的，必将是丰厚的硕果。相反，对于那些懒惰的人，生活是不会赐予他们任何东西的。懒惰的人是思想上的巨人，行动上的矮子。如果你懒惰地面对你的人生，那么其实就是把自己的生命一点点送入虚无。一个成功的人，从不让懒惰有任何机会。

参考文献

[1]刘淑霞.吃苦才是幸福[M]. 南昌：百花洲文艺出版社，2014.

[2]景天.别在吃苦的年纪选择安逸[M]. 南昌：江西教育出版社，2016.

[3]刘仕祥.在最能吃苦的年纪，遇见拼命努力的自己[M]. 深圳：海天出版社，2016.

[4]倪浩，张淑娟.不吃苦、不奋斗，你要青春干什么[M]. 北京：企业管理出版社，2017.